ライチョウを絶滅から守る！

1. ライチョウの雛を捕らえようと見構えるサル

2. 雛を捕らえた瞬間

3. 雛を口にくわえて振り向くサル

4. 秋羽のライチョウ。岩場で休息する７羽の群れ

5. 冬羽のライチョウ。風衝地の岩場で休息する７羽の雄の群れ

ライチョウが繁殖する残雪期の高山

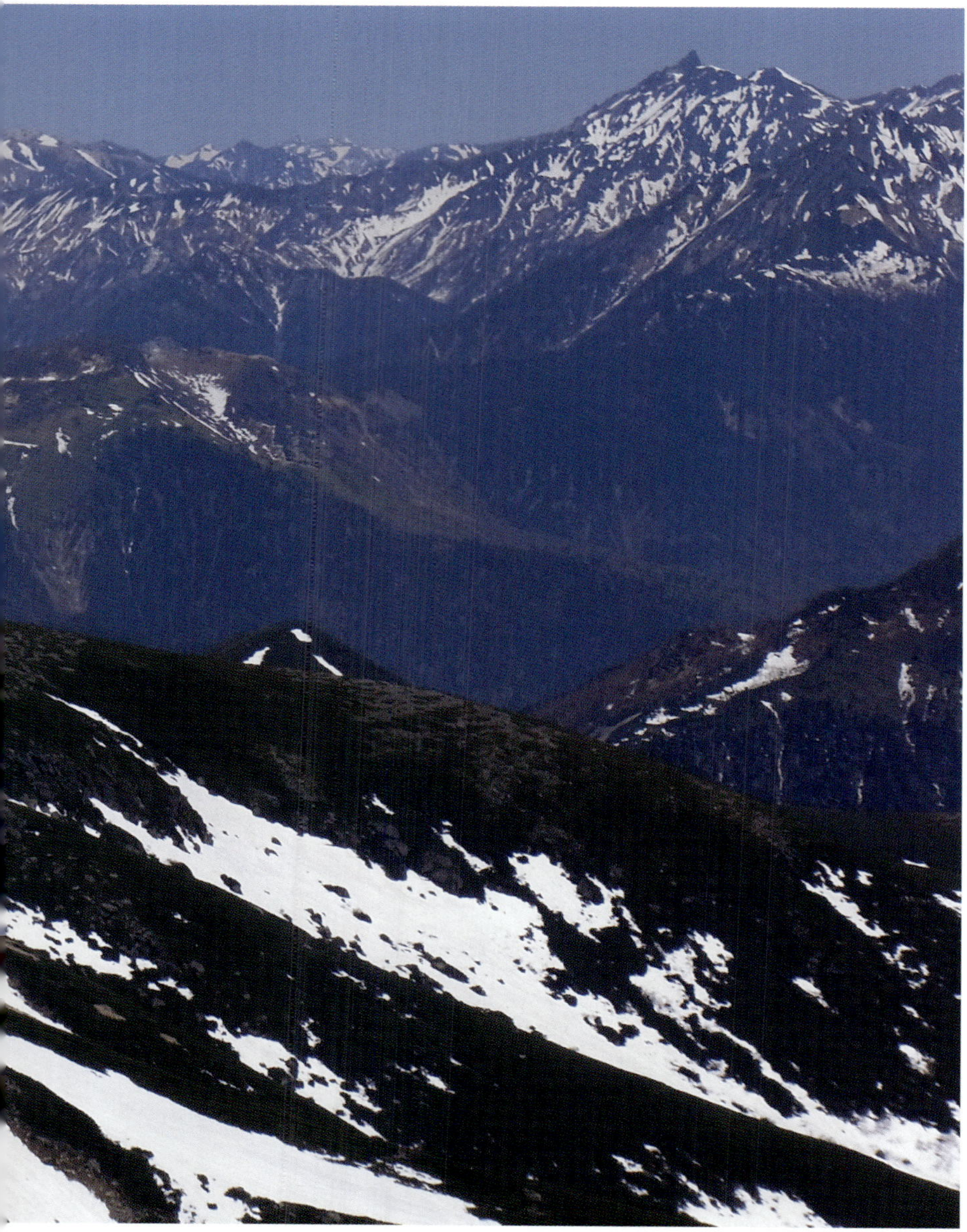

6. 岩の上でなわばりの見張りをする雄。遠方は北アルプスの山々

7. 繁殖羽の雌雄

8. 秋羽の雌雄

9. 冬羽の雌雄

10. 雪穴で休息する雌に雄が尾羽を広げて求愛

11. 冬羽から繁殖羽への換羽が始まったつがいの雌雄

12. なわばりの見張りをする雄

13. 背の低いハイマツの中で卵を温める雌

14. なわばり防衛のため飛び立つライチョウの雄

15. 雪の下から出てきたライチョウの餌となる矮性常緑低木

16. 草の中で休息する母親と雛

17. お花畑で採食中の家族。雛は孵化６日目

18. 孵化 12 日目の雛

19. 砂浴びをする家族。雛は孵化 23 日目

20. 岩の上で雛を見守る母親

21. 母親とほぼ同じ大きさになった雛（左）

22. 親から独立間近の雛たち。手前の１羽が母親、残り７羽は雛

23. 親から独立して若鳥となった雌。秋羽から冬羽への換羽が始まっている

24. 初雪後ライチョウがナナカマドの実をついばんだ足跡

25. ダケカンバの根元で休息する雄の群れ

26. 雛をお腹の下で温めた直後に母親が排泄した盲腸糞

27. 母親の盲腸糞をついばむ孵化３日目の雛たち

28. 北岳にライチョウの家族を守るために設置されたケージ

29. ケージ内での家族の様子

はじめに

中村浩志

私がライチョウと最初にかかわりを持ったのは、信州大学教育学部に入学した時からです。当時、私が所属した研究室の指導教官であった羽田健三先生は、退官されるまで30年間にわたりライチョウを研究された方でした。そのため、入学早々、ライチョウが一時的に姿を見せた飯綱山に調査に訪れたのを最初に、かつてライチョウが生息していた八ヶ岳、ライチョウを放鳥した富士山、さらには北アルプスの白馬岳にと、学生のころからライチョウ調査を経験していました。

私がライチョウ調査とさらに深くかかわったのは、京都大学理学部の大学院を終え、30代の初めに信州大学に助手として戻ってからの5年間です。羽田先生の最後の仕事として、どこの山に何羽のライチョウが生息するかを明らかにする調査を手伝いました。その結果、羽田先生が退官されるまでに、日本でライチョウが生息する山岳ごとの生息数が明らかにされ、日本には約３０００羽のライチョウが生息することがわかりました。

その後、15年間ほど、私はライチョウ調査からすっかり遠ざかっていました。私自身の研究テーマであるカッコウの托卵《たくらん》研究に取り組んでいたからです。それが、50歳を過ぎてから、ライチョウ調査を再開することになりました。カッコウの托卵の謎をつぎつぎに解明でき、研究がほぼ一段落したこと。羽田先生が亡くなったあと、ライチョウ調査をする人がいなくなったこと。さらには、外国を訪れる機会が多くなり、人を恐れないのは日本のライチョウだけであるのを知ったこと。そして、その理由には日本文化が深くかかわっているという重要な点に気づいたこと。こうしたさまざまな要因が重なり、調査を再開しました。

ライチョウは、その後どうなっているだろうか？

研究を再開した私は、ライチョウが現在多くの問題を抱えていることに気づきました。多くの山で数が減少しており、ニホンジカ、ニホンザル、イノシシといった本来低い山に生息していた大型草食動物の高山帯への侵入と高山のお花畑の食害、ハシブトガラスやチョウゲンボウといった新たなライチョウの捕食者の高山帯への侵入、さらには地球温暖化の問題です。これらはいずれも、私が20代から30代の初めにかけて、羽田先生とライチョウを調査していたころには考えてもみなかったことです。

このままでは、日本のライチョウが危ない！

以来、私が信州大学を退職したあとも含め、これまで20年近くの間ライチョウの研究を続けることになりました。研究とともに、保護活動にも手をつけざるをえなくなったからです。

ライチョウとはどんな鳥で、どんな歴史を歩んできたのでしょうか。また、日本人とはどんなかかわりを持ってきた鳥なのでしょうか。最近になって、ニホンジカ、ニホンザルなどが高山帯に侵入するようになったのはなぜでしょうか。また、それには私たちがどうかかわっているのでしょうか。ライチョウが絶滅しないために、今私たちにできることは、何でしょうか。私の長年にわたるライチョウとのかかわりから見えてきたこれらの疑問に、これからこの本の中で1つずつ答えていきたいと思います。

今回の本は、小林篤さんとの共著となりました。彼は、東邦大学の学生のころから現在まで10年間にわたり私と一緒にライチョウを研究してきました。彼と一緒に解明したことが多くあり、一緒に保護活動にも取り組んできました。現在、彼と私は年間80日間ほど山の上で過ごし、ライチョウの生息地で環境省が推進する保護活動に取り組んでいます。恩師の羽田先生が70年ほど前に始めたライチョウの研究。そのあとを私が引き継ぐことになりました。そして、これからはその研究をさらに次の世代に引き継ぐ時期を迎えています。

本書は、前著『二万年の奇跡を生きた鳥　ライチョウ』（農文協）に続いて、それ以後に解明されたことや本格的に開始された保護活動について紹介しました。氷河期に日本列島に移り棲み、世界最南端の生息地、本州中部の高山の楽園で、今日なお奇跡的に生き残ってきた、人を恐れない日本のライチョウ。その存在の意義を改めて捉え直し、野生動物の保護の在り方や、われわれ日本人の生き方そのものについて、問い直してみたいと思います。

目次

本書は、第2部2章「ライチョウは何を食べているのか?」(P59—P66)、第5部「どれだけ生まれ、どれだけ育つのか」(P123—P160)、第8部「動物園で飼って増やす域外保全」(P227—P245)、第9部1章「雛の死亡原因が解明された!」(P248—P264)は小林篤が分担して執筆、それ以外は中村浩志が執筆した。

第1部 高山に棲む鳥ライチョウ

サルがライチョウを捕まえた！

北アルプス東天井岳《ひがしてんじょうだけ》での出来事

２０１５（平成27）年８月下旬、私は当時東邦大学博士課程の院生であった小林篤君と一緒に、北アルプス常念岳から大天井岳《おてんしょうだけ》一帯をライチョウ調査で訪れました。この時期、ライチョウの雛は、孵化《ふか》してから約２か月。まだ母親と一緒にいます。ですので、母親が何羽の雛を連れているかを調べることで、雛が順調に育っているかどうかがわかります。

７月末に１回目の調査を実施し、今回は２回目です。初日の24日には、常念岳一帯の調査を終えました。翌日の朝、常念小屋を出発した私たちは、最初のピークを登りきったところで、この日最初の家族を見つけました。雛数５羽の家族です。ライチョウが１回に産む卵は、５個から７個。孵化した時には、多くの雛を連れていますが、日がたつにつれ雛数が減ってゆきます。ですので、孵化してから２か月が経過しても雛５羽というのは、子育てがうまくいっている家族です。母親とともに岩の上に登り、元気に雛は育っていました。前日の常念岳での結果と合わせ、この地域では雛が順調に育っていることに、ひとまず安心しました。

この日は、天気に恵まれました。ここから眼前に広がる穂高岳から槍ヶ岳にかけての眺めは、最高です。さらに先に進み、東天井岳を過ぎたあたりの稜線で、20頭ほどのサルの群れに出合いました。

高山帯に侵入したニホンザルの群れ

サルは、登山道を歩く人にまったく警戒する様子がありません。人の前数メートル先を平気で横切り、ハイマツの松かさから種子を取り出し、食べていました。あまりにも人慣れしているのに驚き、しばらくサルの群れを観察し、写真を撮影しました。

サルがライチョウの雛を捕らえた！

その後、さらにその先に進み、雛2羽を連れた家族を見つけました。雛は体重200gほどになり、もう十分飛べるまでになっています。近くに腰を下ろし、小林君と2人で家族の行動を観察することにしました。しばらくすると、先ほどのサルの群れが近くにやってきました。朝の10時10分のことです。ライチョウの家族は、サルの群れを警戒する様子はありません。そのうち若い雄ザル1頭が、家族に近づきました。家族はどう反応するだろうか？　その反応を見たいと思い、カメラを構えた時のことです。

10時13分ちょうどに、サルがゆっくりライチョウの雛に近づき、身構えたのです（口絵1）。母親は逃げ出したのですが、雛は逃げずにサルを見ています。次の瞬間、なんと、サルが雛に飛びつき、両手で雛を捕らえたのです（口絵2）。

サルは、すぐに雛の頭を口にくわえ（口絵3）、逃げ出しました。すると、近くにいた2頭のサルが、雛を奪おうとするかのように大声を出し、雛をくわえて逃げるサルを追いかけました。びっくりした私たちは、雛を取り返そうと、サルを追いかけました。

10時13分22秒、サルは雛を地面に置き、座って雛の羽を手で抜き始めました。雛はすでに死亡しています。

10時13分38秒、私たちが近づくと、サルは雛を口にくわえ直し、逃げ出しました。逃げるサルを追ったのですが、サルのほうが走るのが早く、追いつきません。30ｍほど先で再び座り、くわえていた雛を両手に持ち直し、雛を食べ始めました。

10時14分27秒、サルは再び雛を口にくわえて逃げ出し、14分44秒の撮影を最後に、私たちは追跡をあきらめました。雛をくわえたサルは、10時16分に尾根を越え、そこで見失いました。

以上は、サルの群れがライチョウの家族の近くに来てから、6分間ほどの出来事です。この間に撮影した写真は35枚でした。

長野県によるライチョウ生息緊急調査

最近の調査から、ライチョウは多くの山岳で減少傾向にあることがわかってきました。また、キツ

岩の上で雛を見守る雌親。バックは穂高連峰

ネ、テン、カラス、チョウゲンボウといった以前には平地に生息していた捕食者が、最近では高山に侵入し、ライチョウの卵、雛、成鳥を捕食していることもわかってきました。さらに、以前には同様に平地や低山に生息していたニホンジカ、イノシシ、ニホンザルといった大型の草食動物も、最近では高山に上がってきて、ライチョウが生息する高山のお花畑を荒らし、高山の環境そのものを脅《おびや》かしていることもわかってきました。

そのため長野県は、高山に生息するライチョウの実態を把握するため、２０１５（平成27）年からライチョウの緊急調査を実施することになりました。ライチョウのなわばり数は以前と比べ減っているのか増えているのか、孵化《ふか》した雛は無事育っているのか、キツネ、テンなどの捕食者の生息状況、さらにはニホンジカやニホンザルなどの大型動物の高山への侵入状況や食害の状況について、長野県内のおもな山岳で調査することになったのです。

初年度にあたる２０１５年には、北アルプスの燕岳《つばくろ》〜

大天井岳《おてんしょうだけ》～常念岳～蝶ヶ岳《ちょうがたけ》、さらにその先の大滝山にかけての通称常念山脈と呼ばれる山系で調査することになりました。この山系の一部は表銀座コースと呼ばれ、ライチョウと出合えることが多い北アルプスの中でも登山者に人気の高いコースです。しかし、すでにここにもニホンザルが侵入していて、これからはニホンジカの侵入も懸念されています。

この年の6月には、常念山脈一帯のライチョウのなわばり分布調査を実施しました。その後の7月から10月には、各月1回常念岳から大天井岳の地域で、雛の生存状況を調査することになっていました。私たちがライチョウの雛がサルに捕食されるのを見たのは、その2回目の調査で訪れた時のことだったのです。

サルはライチョウを捕食しているのか？

2005（平成17）年7月に、南アルプスの農鳥《のうとり》小屋の主人、深沢糾さんから私にニホンザルがライチョウの雛に何回も襲いかかったとの連絡がありました。数日後、私は農鳥小屋を訪れ、その様子を現地で詳しく聞きました。その後、同様の行動が、別の場所でも登山者により観察されていることがわかりました。そのため、ニホンザルがライチョウを捕食している可能性があることは、私も以前から認識しており、大変懸念していました。

高山にいなかったニホンザルが、現在ではライチョウの生息する南アルプスのほぼ全域、北アルプスの南部から中部にかけて広く見られるようになりました。高山に侵入したニホンザルがライチョウ

捕食者を雛から遠ざける雌親の擬傷行動

を捕食しているとしたら、これは大変な問題です。
その後、高山に侵入したニホンザルとライチョウとの関係について、私自身が観察する機会が訪れました。２００８年９月に南アルプスの白根三山にライチョウ調査に訪れた時のことです。北岳から間ノ岳《あいのだけ》に向かう途中、ライチョウの家族を見つけ、観察していた時のことです。突然、ライチョウの雌親が飛び立ちました。飛んでいった先には、ニホンザルの群れがいました。雌親は、サルのいる前で、傷ついたふりをする擬傷行動を始めたのです。羽をばたつかせ傷ついたふりをし、捕食者が近づいてきたら、その先にひょいと飛び、そこでまた傷ついたふりをすることで、捕食者を巣や雛から離れた場所に誘導する行動です。雌親は、サルにこの擬傷行動をしたあと、雛のいる場所に戻ってきました。

この観察から農鳥小屋の深沢さんや登山者が見た行動は、雛を連れた雌親がサルに対しておこなった擬傷行動であったことがわかりました。ニホンザルがライチョウを襲うのではなく、ライチョウのほうからする擬傷行動であったら、自然なことで、心配することはありません。ですので、この観察結果から、ニホンザルがライチョウを捕食する心配はないだろうと考えていたのです。

しかし、東天井岳《ひがしてんじょうだけ》での観察は、それとはまったく違っていました。雌親は、サルが近づいても擬傷行動をしなかったのです。ですので、目の前でニホンザルがライチョウの雛を襲うとは、予想していませんでした。この雌親は、ニホンザルに対し、人と同じように無害と判断したのでしょうか。

懸念されるサルのライチョウ捕食

北岳での雌親による擬傷行動の観察から、ニホンザルの脅威はないといったん判断した私でしたが、目の前でニホンザルがライチョウの雛を捕食するのを見てからは、以前にも増してニホンザルの脅威を感じました。ニホンザルは、基本的に草食性ですが、時には昆虫や鳥の卵も食べます。しかし、鳥を捕らえて食べたという記録はありません。ニホンザルが低山に生息していた時には、簡単に捕らえられる鳥は、おそらくいなかったのでしょう。それが高山に侵入した結果、ライチョウが簡単に捕まり、食べたらおいしいことを学習したのではないか。そうだとしたら、ライチョウを捕食する習性が広まったら、大変なことになります。

というのは、ニホンザルは、雌の子どもは生まれた群れに一生とどまる傾向があるのに対し、雄のほうは性成熟するころになると、生まれた群れを離れ、他の群れに移動するからです。ライチョウを食べることを学習した若い雄が、他の群れに移っていったら、その群れにもライチョウを食べる習性が広まってしまうからです。

私たちは、この問題にどう対処したらよいのでしょうか。この問題を放置していたら、現在さまざまな問題を抱えている日本のライチョウ、その絶滅の危険性をさらに高めることになります。ライチョウは国の特別天然記念物に指定されており、長野県の他に富山県と岐阜県の県鳥に指定されている鳥です。また環境省のレッドデータブックには、近い将来絶滅する可能性の高いIB類に指定されています。

私たちは、この鳥を絶滅から救うことができるのでしょうか。その問題をこれから考えていくにあたり、ライチョウとはどんな鳥で、どんな歴史をたどってきたのか、日本人とはどんなかかわりを持ってきた鳥なのかについて、最初にふれておきたいと思います。

2章 氷河期に日本列島に移り棲む

日本のライチョウ

夏に、北アルプスや南アルプスの高山に登ると、登山道でライチョウに出合うことがよくあります。大きさは、ニワトリよりやや小さい鳥で、本州中部の高山帯でしか見ることができません（口絵6）。高山帯というのは、標高が高いので寒すぎて、背の高い木が育たない地域のことです。背の高い木が育つ限界を「森林限界」と言いますが、それより上の高山帯に棲む鳥なのです。日本にいる鳥の中では、もっとも高い場所、もっとも寒い場所に棲んでいるのです。

ライチョウは、キジ目、ライチョウ科、ライチョウ属に分類され、キジやニワトリと同じ目《もく》に属しています。なお、北海道に分布するエゾライチョウは、ライチョウとは別属の森林に棲むライチョウです。冬の間は真っ白な姿をしています（口絵5、9）。雪で覆われる冬の高山で白い姿をしていれば、イヌワシやクマタカ、キツネといった捕食者に見つかりにくいからです。雪解けが始まる4月ころからは、黒や茶色の羽が生えてきて、雄は黒っぽい姿になり、雌は茶色の繁殖羽に姿を変えます（口絵7）。

さらに、最近の研究で、夏から秋には、雄も雌もくすんだ色の秋羽に羽が抜け替わり（口絵8）、ライチョウは年に3回姿を変えることがわかりました。多くの鳥は、羽を抜け替えて新しくする換羽《かんう》は、年に1回です。しかし、ライチョウは年に3回も換羽するのです。季節により変化する高山の環境に溶け込み、捕食者から目立たない保護色に姿を変えることで（口絵4、5）、日本の高山で今日まで生き延びてきたのです。

ライチョウの生息域と生息環境

日本でもっとも北にライチョウが生息する山岳は、新潟の火打山です（P34・図1）。この山での生息は、1952（昭和27）年、当時高田営林署の丸山茂さんが発見したのが最初です。また、分布の南限は、南アルプス南部の光岳近くのイザルガ岳であることが明らかになっています。このイザルガ岳に分布するライチョウは、日本の分布の最南端であると同時に、世界のライチョウ分布の最南端でもあります。

北アルプスでもっとも北に分布する山岳が朝日岳で、南の端が西穂高岳です。さらに、北アルプスの南に位置する乗鞍岳と御嶽山といった独立峰にも分布していて、南アルプスでは、北の端の甲斐駒ヶ岳から南端のイザルガ岳にかけて分布しています（P34・図1）。

なお、図1に示したのは、繁殖が確認されている山岳で、姿が一時的に確認されただけの山は含まれていません。

ライチョウがかつて生息していたが、現在は繁殖していない山岳があります。

中央アルプスには、1965（昭和40）年ごろまでは生息が確認されていましたが、その後絶滅しています（ただし、2018年には約50年ぶりに雌1羽が確認されました）。原因は、駒ヶ岳にロー

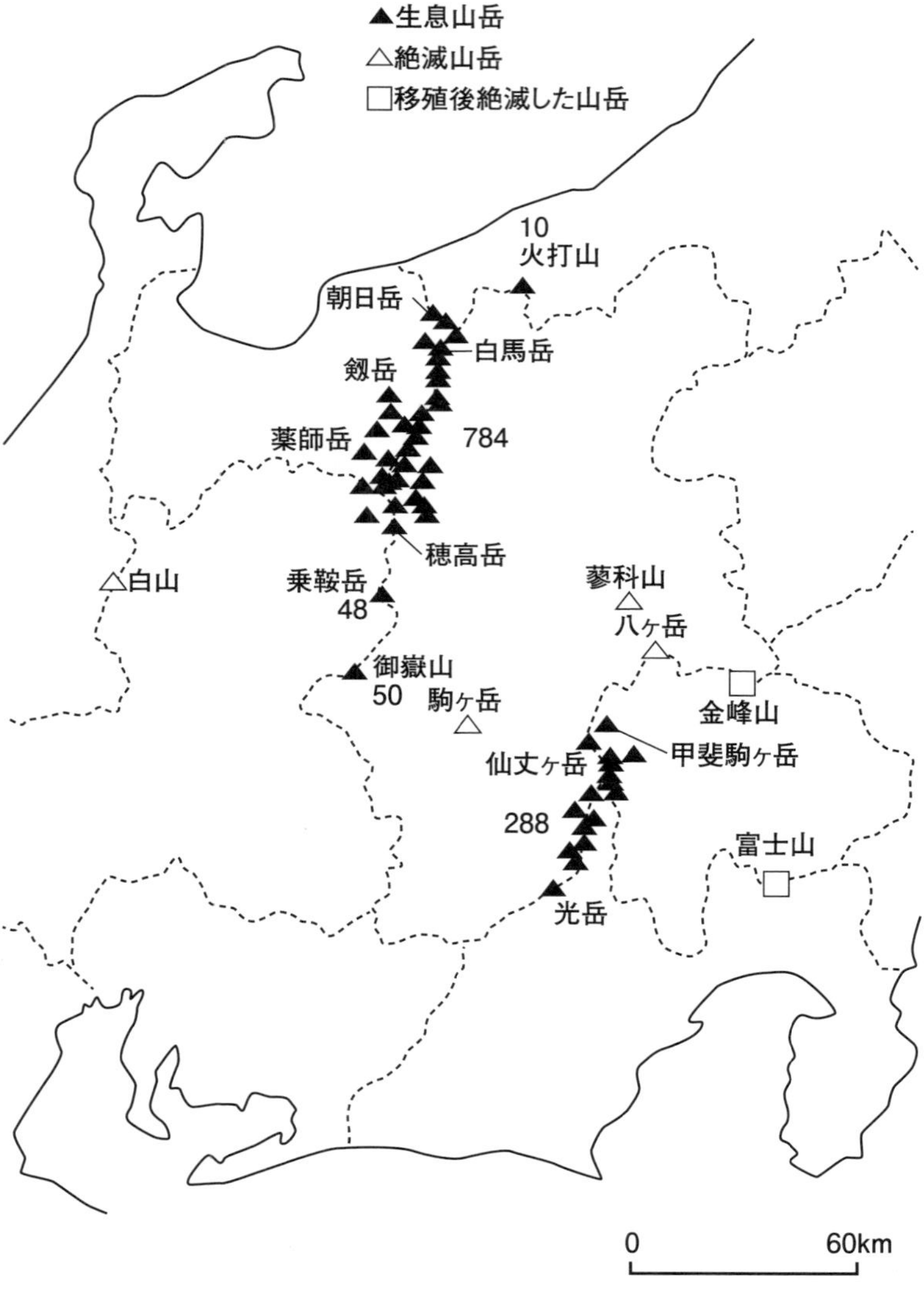

図１　ライチョウが分布するおもな山岳と推定繁殖つがい数（1985 年調査時）

プウエーを架けたためで、年間数十万人が入山した結果、高山に残された残飯を求めキツネ、テン、ハシブトガラスが高山に侵入し、ライチョウの卵や雛、成鳥を捕食したためと言われています。

石川県の白山にも昭和初期まで生息していましたが、現在は生息していません。原因は、分布の中心である北アルプスから離れた独立峰であり、生息数がもともと少なかったことや剥製《はくせい》標本製作のため捕獲されたことなどが考えられています。

さらに、八ヶ岳や蓼科山には、現在ライチョウは生息していませんが、江戸時代に生息していた記録が残されています。明治以降の文献には生息を証拠付ける記録がほとんどないことから、八ヶ岳や蓼科山では江戸時代に絶滅したと判断されています。これらの山岳では、かつて生息していたとしても南アルプスからの個体分散により維持された不安定なものであった可能性が示唆されています。

絶滅した白山、八ヶ岳や蓼科山は、北アルプスや南アルプスから離れた孤立山岳で、また中央アルプスは、南北両アルプスに比べ山塊が小さく、高山帯の面積も狭い山岳です。このことから、ライチョウの絶滅は、分布の中心地から離れた孤立山岳で起きていることがわかります。

他の山への移殖の試み

ライチョウが生息していない山岳への放鳥の試みが、これまでに２回おこなわれています。

１９６０（昭和35）年８月22日、北アルプスの白馬岳で捕獲された雌２羽、雄１羽、雛４羽の計７羽のライチョウが、富士山に移殖されました（図１）。当時の林野庁と日本鳥学会が中心となっておこなわれました。放鳥後の様子は、6年後の1966年6月に調査され、雄7羽、雌2羽の計9羽の成鳥が確認され、須走口と吉田口でそれぞれ繁殖中の1巣を発見し、繁殖を確認しました。また、確認された個体は、いずれも放鳥時に装着した足輪がついていなかったことから、世代交代が進んでいることがわかっています。しかし、放鳥して10年目には生息は確認されなくなり、富士山にライチョウは定着しませんでした。

2度目の試みは、1967年7月27日、山梨県が中心となり南アルプスの北岳から雄2羽、雌3羽の計5羽の成鳥を長野県と山梨県の県境にある金峰山に放鳥しました（P34・図1）。しかし、この試みも、放鳥後10年ほどで生息の情報が途絶え、移殖は成功しませんでした。

これら2回の放鳥の試みは、現在のライチョウに関する知見からすると、ともに問題のある試みであったと判断されます。富士山は、標高の高い山ではあるが、氷河期以後に形成された比較的歴史の新しい火山です。そのため、ライチョウの餌となる高山植物が北アルプスや南アルプスに比べ貧弱です。また、ライチョウが隠れ場や巣をつくる場所として利用するハイマツが、富士山には存在しないのです。金峰山については、山頂にハイマツがありますが、高山帯の面積が狭いため、まとまった数のライチョウが棲める山ではないからです。

これら2回の放鳥の試みと近年になりライチョウが絶滅した山岳があることを考えると、ライチョウが生息できる山岳は、日本には本州中部の限られた山岳にしか残されていないことが示唆されます。

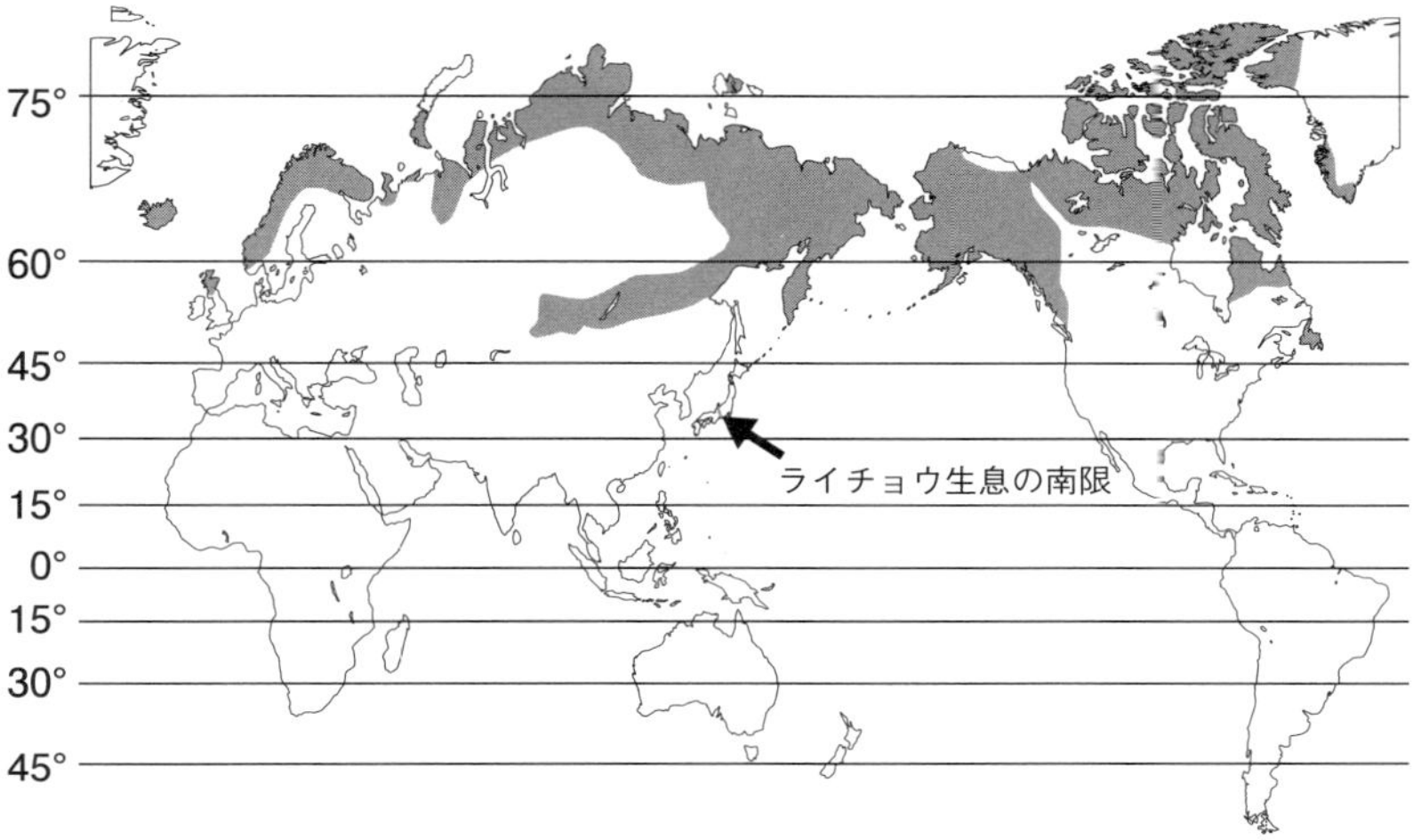

図２　ライチョウの世界分布

ライチョウの世界分布

ライチョウは、日本だけに棲んでいる鳥ではありません。ヨーロッパ北部から、ロシア北部、北アメリカ北部、グリーンランド周辺と北半球北部の北極を取り巻く地域に広く分布している鳥です（図２）。その中にあって、日本のライチョウは、世界でもっとも南に分布する集団なのです。日本のライチョウにもっとも近い距離にいる集団は、カムチャッカ半島から続く千島列島のほぼ中間に位置する島の集団で、それとは１３００km も離れています。日本の北の樺太《からふと》、北海道や東北地方の高山には、ライチョウは生息していません。日本のライチョウは、世界最南端にポツンと分布し、北の大集団とは完全に隔離された集団なのです。

　日本のライチョウは、高山に棲んでいます。それに対して、北極を取り巻く地域に棲む北の集団は、標高の低いツンドラに棲んでいます。では、なぜ日本のライチョウは、高山に棲んでいるのでしょうか。その理由を理解するには、はるかな地球の歴史を振り返ってみることが必要です。

氷河期に移り棲む

ライチョウは、もともと日本列島に棲んでいた鳥ではありません。地球の歴史を見ると、現在よりももっと寒い氷河期が何度もありました。その氷河期の中でもっとも新しい最終氷期に大陸から日本列島に入ってきたのが、日本のライチョウの祖先です。その最終氷期の中でももっとも寒冷であった今から2万年ほど前には、ヨーロッパ北部からロシア北部、北アメリカ北部では、平地まで広く氷河で覆われていました。そのころには、ライチョウの分布は今よりずっと南に広がっていたのです。

日本では、北アルプスや南アルプスの高山は厚い氷河で覆われ、気温は現在よりも7度も低かったのです。森林限界は、現在より1000mほど低かったと考えられます。また、その時代には、現在よりも海面は120mほど低く、大陸から樺太《からふと》、北海道にかけての地域はほぼ陸続きでした。だから飛ぶことが苦手なライチョウが、今から2万年前に大陸から日本列島に入ってくることができたのです。

ところが、今から約1万年前に最終氷期は終了し、しだいに温暖な気候となりました。それとともに氷河は北に退き、南に分布を広げていたライチョウは北に戻りました。また、温暖となることで海面が上昇し、大陸と日本列島は海で再び隔てられました。そのため、日本のライチョウは、北に戻れなくなったのです。その後、温暖化が進むとともに、気温が低い高山に逃れることで日本のライチョウは、世界の最南端の地で今日まで生き延びてきたのです。

日本の次に南に分布する集団は、フランスとスペインの国境にあるピレネー山脈のライチョウです。

さらに3番目は、ヨーロッパアルプスの集団です。これらの集団は、日本と同様に高山に棲んでいます。ヨーロッパでは、約2万年前の最終氷期にライチョウはこのあたりまで分布を広げていて、その後の温暖化とともに、日本のライチョウと同様に、高山に取り残された集団なのです。

アジア大陸には、ヒマラヤ山脈というもっと標高の高い高山があります。しかし、ここにはライチョウは棲んでいません。約2万年前のもっとも寒かった最終氷期であっても、ライチョウはここまで南には分布を広げることができなかったのでしょう。

絶滅した北海道と東北の高山のライチョウ

日本のライチョウは、今から2万年前の最終氷期に北から入ってきたので、北海道や東北の高山にも、かつてはライチョウが生息していたと考えられます。しかし、今から約6000年前の縄文時代中期には、今よりも年平均気温が1~2度高い時期がありました。おそらく、その温暖な時期に、北海道や東北の高山に生息していたライチョウは、絶滅してしまったのでしょう。山が低く、高山帯の面積も広くなかったため、温暖化により棲む場所が狭まり、個体数が減少したことにより、絶滅したものと考えられます。それに対し、本州の中部には、南アルプスや北アルプスといった高い山があり、しかも広い面積であったので、この温暖な時期にも生き延びることができたのでしょう。

氷河期に日本列島に北から入ってきたのは、ライチョウだけではありません。当時の日本列島にはナウマンゾウ、オオツノジカ、ヘラジカといった現在は絶滅した大型の動物も生息していました。われわれの祖先にあたる旧石器人が日本列島に住みついたのも、この最終氷期の時代でした。

日本人とライチョウ

　高山に棲む日本のライチョウは、長い間日本人に知られていない鳥でした。高山に登ること自体が、かつては大変なことであったからです。日本に残されている記録に、文字としてライチョウの名前が出てくるもっとも古い文献は、今から700年以上前のものです。鎌倉時代後期の1310（延慶3）年に出された歌集『夫木和歌抄《ふぼくわかしょう》』に掲載されている、後鳥羽上皇《ごとばじょうこう》によって詠まれた「しら山の松の木陰にかくろひて　やすらにすめるらいの鳥かな」という和歌が最初です。

　この和歌は、岐阜県と石川県の県境にある白山のライチョウを詠んだものです。1200年代に白山に登った人がいて、そこで見たライチョウについての話が、都のあった京都にも伝えられ、後鳥羽上皇の耳に入ったのでしょう。ハイマツの陰に隠れ、穏やかに棲んでいるライチョウを詠んだ歌

江戸時代に描かれた雄ライチョウの絵（堀田正敦「禽譜」・所蔵：宮城県図書館）。胸と足に注目

です。日本には、高い山には神が住むという山岳信仰が古くからあり、信仰を目的とした登山が古くからおこなわれていました。

しかし、一般の人びとにライチョウが知られるようになったのは、江戸時代の中ごろからです。このころになると、信仰を目的とした登山が盛んとなり、霊山の白山、御嶽山、立山には、ライチョウが棲むことが知られるようになりました。人びとにライチョウが広く知られるきっかけとなったのは、1708（宝永5）年に京都で起こった大火災で御所が焼けた際、先の後鳥羽上皇の和歌が書き添えられていたライチョウの絵があった建物だけが、焼失を免れたことでした。それ以来、ライチョウの絵と和歌をセットにした御符《ごふ》が、火災と雷よけのお守りとして、庶民の間に広く出回ることになりました。

ですが、この江戸時代にも、ライチョウは、人びとにはまだ縁遠い存在でした。そのことは、この時代に描かれたライチョウの絵から推測されます。ライチョウの絵の多くは、実際に実物を見て描いたとは思われないものばかりです。山に登った人の話を聞いて、絵師が想像して描いたものでした。神々が住む霊山に棲んでいる鳥として広く知れわたり、さまざまな迷信や伝説が語り継がれてきました。しかし、実際の高山での生活の様子については、長い間わからないままでした。

科学的な研究の始まり

ライチョウについての科学的な研究が始まったのは、明治時代になってからです。ライチョウに関する情報をまとめ、科学的な見地からの成果を残したのは、信州における博物学の祖とされる矢沢米三郎でした。1929（昭和4）年に著した『雷鳥』（岩波書店）で、ライチョウの分布する山岳、この鳥の習性や形態、羽の色の季節変化などを詳しく記述しています。ことに、月ごとの羽の色の変化を描いた絵は、それまでの江戸時代に描かれたものとは異なり、実物を手にして描かれた正確なものでした。また、ライチョウの雄は、雛が孵化《ふか》すると家族と離れて生活し、雛を育てるのは雌親のみであるといったこの鳥の繁殖生態の重要な点にも、すでに気づいていました。

その後、高山でのライチョウの生活をさらに詳しく解明したのは、信州大学教育学部の羽田健三先生を中心に、大町山岳博物館と一緒におこなった北アルプス爺ケ岳《じいがたけ》での研究でした。長野県からの資金援助を受け、1961年の5月から10月までの約半年間、ほぼ毎日夜明けから日没まで、ライチョウの行動を近くから観察し、記録するという本格的な調査が実施されました。また、2年後には、3月から4月にかけ、計40日間の連続調査も実施されました。これにより、冬の時期を除いた春から秋のライチョウの生活や生態の実態が克明に解明されたのです。

3章 高山でのライチョウの生活

雪解けとともに始まる繁殖活動

冬の間、一面の雪で覆われていた高山帯も、3月に入ると暖かな日ざしを受け、雪解けが始まります。真っ先に雪が解けるのは、高山特有の冬の強い西風を受け、雪が吹き飛ばされ、わずかしか積もっていなかった尾根筋の風衝地《ふうしょうち》です。解けた雪の下からは、背丈が5㎝にも満たないガンコウランやコケモモといった1年を通して葉が緑で、常緑の矮性《わいせい》低木が顔を出します。冬の間、雪の下で冷凍保存されていた前年の秋の実も、そのままの状態で出てきます（口絵15）。

冬の間標高の低い場所に移動し、雪の上に出たダケカンバの冬芽ばかりを食べていたライチョウにとって、雪解けとともに顔を出す風衝地の矮性常緑低木は、待ちに待ったごちそうです。ライチョウは、風衝地の雪解けとともに高山帯に戻ってきます。最初に戻ってくるのは雄で、雪解けが始まった風衝地に雄の群れが見られます（口絵5）。

しかし、最初は仲良く採食していた雄たちも、雪解けが進むとともに、争いを始めます。目の上の肉冠《にくかん》を真っ赤に広げ、相手を威嚇《いかく》し、三つどもえの争いと追いかけ合いが雪の上でおこなわれます。争いは、繁殖に適した場所をめぐるなわばり争いとなり、雪解けとともに繁殖行動が活発化していきます。

雄によるなわばりの確立

４月に入ると、まだ白い姿の雄が、岩の上に止まる姿が見られます。なわばりの見張りをしているのです。時々飛び立っては、ガガーと大声で鳴き、自分のなわばりを他の雄に主張します。侵入者を見つけるとすぐに飛び立ち、なわばりから追い出そうとし、時には数分間にわたる空中戦となります（口絵14）。この時期の雄は、飛ぶのが苦手などとは言っていられません。よい場所になわばりを確立しないと、その年は雌を得ることができず、繁殖ができないからです。

４月には、雄の体重は５００ｇほどになります。１年中でもっとも重い時期です。雪解けの風衝地《ふうしょうち》で栄養をつけ、これから始まる繁殖に備えるのです。雄たちは、争いを通して、雪解けの進んだ場所からなわばりを確立していきます。

つがいの形成

４月中旬、雄たちのなわばり争いが一段落したころ、雌が遅れて高山帯に戻ってきます。最初は、数羽で群れているのですが、すぐに1羽ごとなわばりを持つ雄とつがいになっていきます。雌は、雄のなわばりの良しあしや雄の能力を見て相手を選んでいるのでしょう。なわばりに雌が入ってくると、雄は赤い肉冠《にくかん》を大きく開き、雌の前で尾羽を扇状に広げる求愛の姿勢をとります（口絵10）。そして、両翼を下げて引きずるようにして、頭を突き出し、「グルグルー、グルグルー」と、のどを鳴らして求愛をします。

ライチョウは、1羽の雄と1羽の雌がつがいになって繁殖する一夫一妻です。つがいができると、雄はなわばりを守る行動とともに、雌を守る行動も始めます。他の雄に雌を奪われないよう、雌に絶えずついて行動するようになります。交尾は、雄が雌の背に乗り、雌の頭の羽をくちばしでくわえておこなわれますが、ほんの数秒間で終わります。

なわばりが確立されてつがいとなるこの時期は、羽毛が抜け替わる時期です。それまで真っ白であった羽の一部に、黒褐色の羽毛が混じり始め、頭や首、背と日を追って黒くなっていきます。5月に入るころには、雄は白と黒、雌は白・黒・茶のまだら模様となり、雌雄の区別がはっきりした繁殖期の姿になります（口絵7）。

ハイマツの下に巣づくり

5月に入ると、それまで雄と一緒に行動していた雌の姿が、時々見られなくなります。雄と離れ、巣をつくる場所を探し、巣をつくり、卵を産むようになるからです。巣は、背丈が30㎝ほどの背の低いハイマツの下の地上につくられます（口絵13）。巣が完成すると、ほぼ2日おきに1卵を産みます。産んだ卵は、すぐには温めません。6～7卵を産み終えてから卵を温める抱卵を開始します。

卵を温めるのは、雌の仕事です。雄は、雌が抱卵している間、なわばりの見張りをして過ごします。雌は、日に2回ほど、朝と夕方に20分間ほど餌を食べに巣を離れる以外、巣にとどまり、昼も夜も卵を温め続けます。雌が餌を食べに出た時のみ、雄は雌の近くに行き、雌を護衛します。

孵化した翌日に母親と巣を離れた雛たち。母親の腹の下で体を温める抱雛が始まる。

卵は、抱卵を開始してから23日間でいっせいに孵化《ふか》し、雛が誕生します。

雌親による3か月間の子育て

雛が孵化《ふか》するのは6月の末から7月上旬です。孵化した雛は、すぐに歩くことができ、翌日には母親に連れられて巣から離れます。雛は、その後約3か月間にわたり、母親とともに行動し、母親に育てられます。一方、雄親は、雛が孵化するとなわばり行動をやめ、夏の間はひっそりと単独で過ごし、子育てを手伝うことはしません。

巣から離れた家族は、しばらくは、巣のあった場所と同じ背の低いハイマツがまばらに生えた風衝地《ふうしょうち》で過ごします。そこは、背の低い植物がまばらに生え、小さな雛が歩きやすい場所です。また、そこでは夏の日ざしを受け、餌となるコケモモやガンコウランの柔らかい芽、葉、花が豊富に得られるからです。雌親は、時々「ククッ、ククッ」と鳴いて雛を呼び集め、餌をついばむと、雛もそれをまねてつ

10・11 月には、子育てを終えた雌、雄、親から独立した若鳥が集まって秋群れをつくる。

いばみます。雛たちに食べられる餌を教えているのです。

雌親のまわりで動き回っていた雛たちは、しばらくすると雌親の腹の下に集まり、体を温めてもらう「抱雛《ほうすう》」を始めます。巣から離れて間もない雛は、自分で体温維持ができないので、時々雌親の腹の下で温めてもらうのです。雌親は翼を広げ、腹の下に雛たちを包み込んで座り、しばらくじっと動きません。体が温まると、雛たちはいっせいに腹の下から出てきて、採食を始めます。こうして雛たちは、孵化後数週間は採食と抱雛を繰り返していますが、雛が成長するにしたがい、抱雛の回数は少なくなってゆきます。

8月に入るころには、遅くまで雪が残っていた谷筋の雪も解け終わります。そのころになると、家族はこの時期に柔らかい芽が芽吹き、花をつける「雪田《せつでん》」と呼ばれる場所へ移動し、秋の9月の末ころまで家族で過ごします。

秋の群れ行動

初雪が降る10月初めころに、雛は家族から離れ、独立します。そのころの雛は、体重が400gほどになっていて、若鳥と呼ぶにふさわしい姿に成長しています（口絵23）。この時期は、夏の間姿を見せなかった雄と繁殖に失敗した雌、さらには子育てを終えた雌が集まって群れをつくる時期です。この時期には、雌雄はくすんだ秋羽の姿に変わっています（口絵8）。親から独立した雛もこれらの群れに加わります。10月から11月は、1年中でもっとも大きな群れとなる時期で、時には同じ山に棲む個体がすべて集まり、30羽を超える群れとなることもあります。

積雪が進むにつれて、それまで黒と茶のまだら模様であった秋羽に、白い羽が混じるようになり（口絵23）、11月に入るころには、成鳥もその年生まれの若鳥も白い冬羽に姿を変えてゆき、冬の時期の生活へと変化していきます。

以上が、羽田先生を中心に爺ケ岳《じいがたけ》での調査から明らかにされた春から秋にかけて高山で生活するライチョウの生態の概要です。

冬はどんな生活しているのか？

高山が雪で覆われる12月から翌3月にかけての冬の時期のライチョウの生活は、長い間明らかにされてきませんでした。厳しい冬の時期に山に登り調査するのは困難で、羽田先生のころには、冬の時期の調査はされませんでした。

調査のチャンスは、最近になって訪れました。2007（平成19）年の冬から、乗鞍岳の標高

雄の越冬地、鶴ヶ沢の谷。右下に位ヶ原山荘が見える。

２３５０ｍにある位ヶ原《くらいがはら》山荘が、冬季間も営業を開始し、厳冬期のライチョウ調査が可能になったのです。私が60歳を過ぎてからでした。

調査は、冬にライチョウのいる場所を探すことから始めました。夏にライチョウがいた高山帯を最初に探したのですが、いくら探しても見つかりません。一面雪に覆われているので、白い姿のライチョウを見つけることができないのだろうか？　探し回った末、位ヶ原山荘のある鶴ヶ沢の谷の森林限界付近でやっと見つけることができました。群れでダケカンバの木の根元で休んでいました（口絵25）。これが真っ白な姿のライチョウとの最初の出合いでした。

調査でわかったことは、この時期ライチョウは高山帯からはまったくいなくなり、木がまばらに生えている森林限界付近まで下り、そこで群れで生活をしていることでした。高山帯は広く雪に覆われるため、餌が得られなく、加えて強風で寒さが厳しいので、それらを避け、下に移動して生活していたのです。食べていた餌のほとんどは、雪の上に顔を出しているダケカンバの冬芽でした。日中は、ダケカンバやオオシラビソの木の根元に集まって休んでいることが多く、時には、雪穴を掘ってその中で休んでいることもありました。

最初の冬の調査で、奇妙なことに気がつきました。12月から翌3月の冬の時期に見つかったのは、雄ばかりでした。多く見つかったのは、位ヶ原山荘のある鶴ヶ沢の森林限界付近です。翌年も同じ場所に35羽ほどが越冬していました。乗鞍岳では毎年繁殖期になわばりの分布が調査され、多くの個体を足輪により個体識別することができます。2年目の冬にこの越冬地に集まった雄は、どこになわばりを持っていた雄かを見てみました。計14の雄は繁殖したなわばりがわかりましたが、そのうち1羽を除いてすべてが長野県側になわばりを持っていた雄でした。ほとんどは、近くで繁殖した個体で、稜線を越えて岐阜県側から来ている雄はほとんどいないことがわかりました。ですので、岐阜県側にも同様の越冬地があるものと思われます。

雌はどこに行ってしまったのでしょうか? 夏の時期は、乗鞍岳の全域を調査していましたが、冬に全域は無理なので、位ヶ原山荘のある長野県側のみを調査していました。雌は、反対の岐阜県側に移動しているのだろうかと、謎は深まるばかりです。3年目にあたる2009年の冬には、雪のため林道が閉鎖されたあとの11月以後も、歩いて山に登ることにしました。雌はいついなくなるかを、詳しく調査することにしたのです。さらに、10月末には、雌3羽に電波を出す発信機をつけ、電波により雌を追跡調査することにしました。

雌の越冬地、湯川谷の急傾斜地

雌はどこに消えたのか？

調査の結果、雌がいなくなり始めるのは11月中旬からで、12月下旬にはほとんどいなくなることがわかりました。また、発信機をつけた雌の3羽のうち1羽は、その後の追跡ができました。この雌は、12月末には湯川谷の急傾斜地に移動し、そこで冬を過ごしていました。そのため、3月の初めに、発信機をつけた雌がいる湯川谷に下り、その雌を発見するとともに、どんな場所なのかを確認することにしました。その結果、この谷には、発信機をつけた雌の他にも、多くの雌がいることが確認できました。ついに雌の越冬地を見つけたのです。

湯川谷は、森林限界より低い場所にある急傾斜地で、温泉が湧き出ている谷です。この谷は雪崩《なだれ》が多発する危険な場所なので、冬の調査から最初に外していた場所です。急傾斜のため、オオシラビソなど本来の針葉樹の林ができず、雪崩に強いダケカンバの林が本来よりも低い場所に見られる場所でした。ですので、冬でも餌となるダケカンバの冬芽が得られる場所です。また、この場所は風下にあたる東向き斜面ですので、冬の強い西風を避けることができます。さらに、急傾斜地であることから、キツネやテンといった地上性の捕食者からも安全な場所と考えられます。

季節による標高移動

冬の調査を3年間実施したことで、年間を通しての乗鞍岳のライチョウの標高移動の様子を明らかにすることができました。乗鞍岳の森林限界はほぼ２５５０ｍで、それ以上が高山帯です。12月から3月の冬期間、ライチョウはほぼ高山帯からいなくなり、森林限界以下の亜高山帯で過ごすことがわかりました。その場合、雄は森林限界付近の標高２４００～２６００ｍで冬を過ごすのに対し、雌はさらに２００ｍほど低い２２００～２４００ｍまで下りていて、雄と雌では異なる標高で越冬していました。

高山帯への戻りは、3月末に雄から始まり、4月末にはほぼ全個体が戻り終えています。高山帯には11月中旬までとどまり、12月末にには全個体が高山帯からいなくなっていました。

なぜ雄と雌は異なる場所で越冬するのか？

冬期の生活が明らかになりましたが、なぜ雄と雌は異なる場所で越冬するのでしょうか？雄にとっては、なわばりを持つことが重要です。なわばりが持てなかったら雌が得られず、繁殖できないからです。ですので、雪が解けたらすぐに高山帯に戻り、なわばり行動を始めるのが有利です。それに対し、雌はなわばりを持っていません。ですので、雪が解けてもすぐに高山帯に戻る必要はないのです。だから、冬の間は、もっとも安全で快適な場所に集まって過ごすほうが有利なのでしょう。また、ライチョウの社会では、常に雄の数が雌の数より多いので、遅く高山帯に戻っても、雄が得られずに繁殖できないことはありません。相手が得られないために繁殖できないのは、雄のほうだけなのです。

ライチョウの社会では、なわばりを守るのは雄、雌は卵を産んで雛を育てるというように、雌雄で役割分担がはっきりしています。ですので、その役割分担の違いが、冬に越冬する場所を異にするという違いをもたらしていると考えられます。雌の越冬地は危険な場所のため、十分な調査はできませんでしたが、雄の場合とは異なり、乗鞍岳のすべての雌は湯川谷の急傾斜地に集まり越冬しているものと考えています。

第2部 人を恐れない日本のライチョウ

日本に生息するライチョウの数

どうしたら数を調べられるか？

日本には、何羽のライチョウが生息しているのでしょうか？ 先にもふれたように、日本でライチョウの生息する山岳は、矢沢米三郎さんによって１９２９（昭和４）年にほぼ明らかにされています。それらの山に生息するライチョウの数は、いったいどのようにしたら明らかにすることができるのでしょうか？

この難しい問題に挑戦したのが、私の恩師、羽田健三先生でした。先生がとった方法は、ライチョウは繁殖の時期には雄がなわばりを持ち、１羽の雄と1羽の雌がつがいとなって繁殖するので、１つひとつ山のなわばりの数を調べるという方法でした。

繁殖期には、雄は目立つ岩の上などで、なわばりの見張り行動をしています。他の雄がなわばりに入ってきたら、追い出す行動をします。また、つがいとなってからは、なわばり内で雄と雌が一緒に行動します。ですので、雄がなわばりを持っている5月から6月の時期に、ライチョウの棲む山に登り、ライチョウを見つけて行動を観察することで、なわばりの有無を確認することができます。また、２か月間ほど雌雄がなわばり内で生活していると、なわばり内には、糞や羽が落ちています。さらに、砂浴びをした跡、雄が見張りをした跡などの生活痕跡も残されています。雌が抱卵に入っている時期

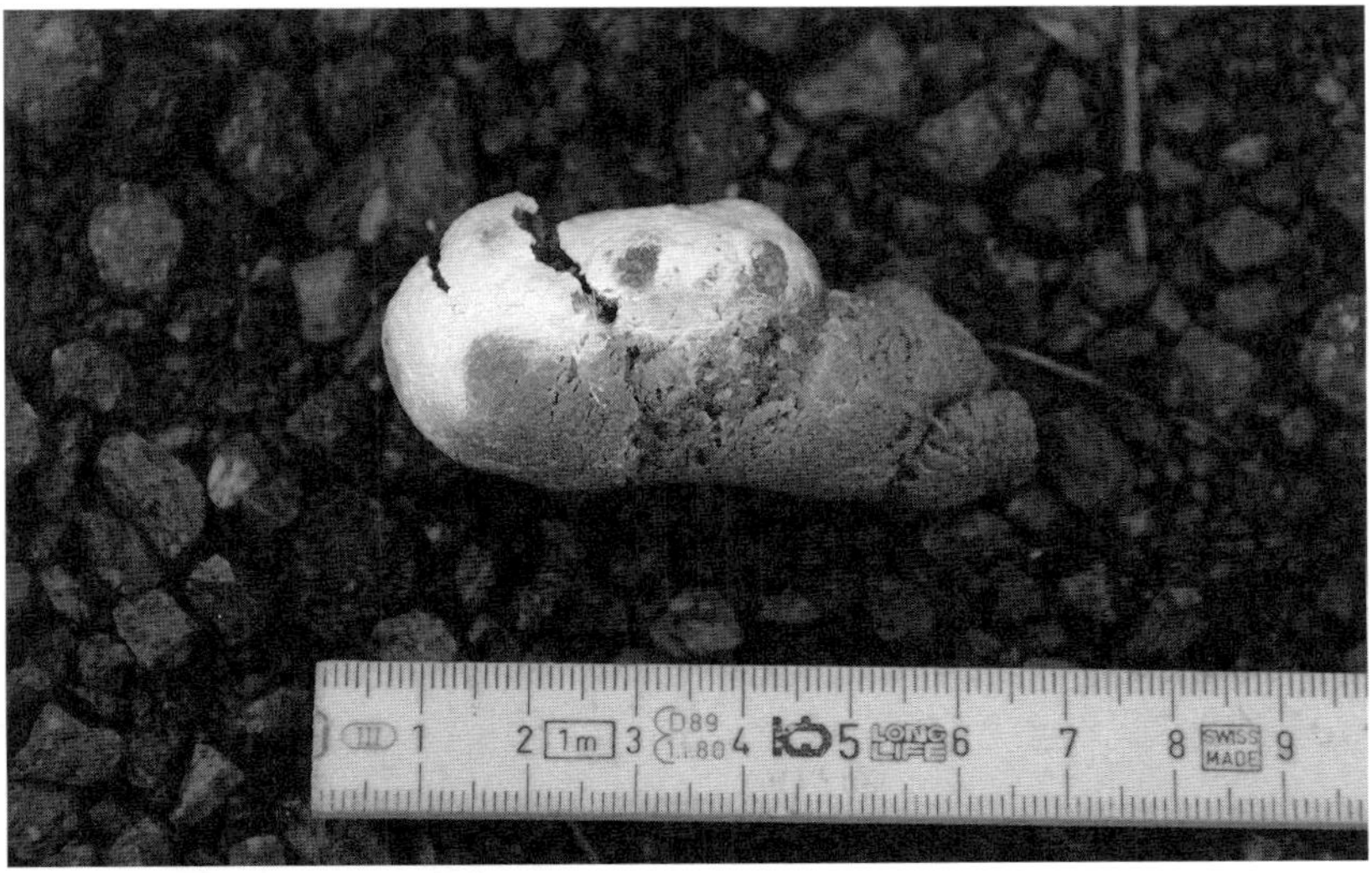

抱卵中の雌がする特大の抱卵糞

でしたら、餌を食べに巣から出た時にする通常より5倍から10倍大きい抱卵糞をします。ですので、山に登ってライチョウを見つけ、その行動観察と生活痕跡を探すことで、山ごとの1つひとつのなわばりとそのおおよその位置を確認できます。

ライチョウのなわばりの大きさは、詳しい調査で直径が300mほどであることもわかっています。そのことから、1つのなわばりが確認できたら、その隣を調べるというようにして、全山を調査することができるのです。

なわばりの数から生息数の推定

この途方もない大変な調査を、羽田先生は学生など多くの人の協力を得て、25年間ほどかけ、ライチョウの棲む全山で実施したのです。私も30歳のころ、羽田先生の研究室に助手として戻った時期に5年間この調査を手伝いました。そして、羽田先生が信州大学を退官される前年の1985（昭和60）年に全山の調査を終えたのです。

その結果、本州中部の高山にあるライチョウのなわばり数は、１１８０と推定されました。内訳は、北から順に、火打山周辺が10、北アルプス全体で７８４、その南の乗鞍岳が48、御嶽山が50、南アルプス全体で２８８でした（P34・図1）。この結果をもとに個体数を推定すると、ライチョウは一夫一妻なので、合計なわばり数の１１８０を2倍した２３６０羽が日本全体で繁殖するライチョウの数と推定されます。

この他に、つがいになれない独身の雄もいます。平均すると、雄は3羽のうち1羽は、なわばりを持っていない独身の雄であることがわかりました。そのため、1つのなわばりがあったら、そのなわばりの雌雄2羽の他に0・5羽分の独身の雄がいることになります。ですので、合計なわばり数の１１８０を2・5倍した２９５０羽が日本全体に生息するライチョウの数ということになりました。すなわち、今から30年以上前の調査で、日本に生息するライチョウの数は、約３０００羽と推定されたのです。

2章 ライチョウは何を食べているのか？

ついばみ回数を数える

人を恐れない日本のライチョウは、数メートルの距離からその行動を観察することができます。この近距離から観察ができれば、どんな植物を何回ついばんだかを直接数えることができます。これは他の鳥ではまねできない餌内容の把握方法です。ライチョウの餌については、信州大学と大町山岳博物館が北アルプスの爺ヶ岳《じいがたけ》でおこなった観察から、77種類の植物を食べたことが報告されています。しかし、ついばんだ回数を指標にライチョウの食べ物を定量的に、しかも年間を通して明らかにした研究は、まだありませんでした。

この研究は、私とともに長年ライチョウを研究してきている当時東邦大学の学生であった小林篤君が卒業論文のテーマとした課題です。

彼の調査は、２００９（平成21）年に乗鞍岳でおこなわれ、雪解けが始まった4月から高山帯が再び雪で覆われる10月末まで約7か月間にわたりました。近くから観察できるといっても、ライチョウのついばみは速く、1分間に１００回を超えることもあります。ついばんだ回数を数えながら、何を何回ついばんだかを記録することになります。ですので、少しも息を抜けない大変な調査です。

危険がともなう冬の調査は、私が担当することにし、２００８年から２００９年と２００９年から

２０１０年の厳冬期の調査を合わせて実施しました。そうすることで、乗鞍岳における年間を通してのライチョウの餌内容を明らかにすることができたのです。

記録されたついばみ回数は、雄２万２２７７回、雌１万５２９５回、雛８９５１回の合計４万６５２３回となりました。ついばみ回数が雌より雄のほうが多かったのは、冬に観察されたのはほとんどが雄だったこと、繁殖期には雄のほうが目立ち、観察される頻度が高かったためです。また、雛のついばみ回数は、孵化《ふか》してから雛が雌親から独立するまでの約３か月の観察であるため、雄や雌より記録回数が少なくなっています。

春から秋の主食は矮性《わいせい》常緑低木

ライチョウの雄、雌、雛がついばんだ餌を、植物、動物、小石や砂などの無機物に分けると、総ついばみ回数合計４万６５２３回の92・９％は植物、４・７％が動物、残りの２・４％が無機物でした。ついばんだ植物の種類は40種で、爺ヶ岳《じいがたけ》での77種に比べ、少ない結果でした。この理由は、乗鞍岳のほうが爺ヶ岳よりも植生が単純で、種類数が少ないためと思われます。われわれの調査からも、ライチョウの餌のほとんどは植物であることがわかりました。また、これまでほとんど観察されていなかった動物質の餌も、少ないながらも食べていることが明らかになりました。

日本の高山では、冬の強い西風を受けて雪が吹き飛ばされ、わずかしか雪が積もっていなかった尾根筋の風衝地《ふうしょうち》から雪解けが始まります。その風衝地には、背の低いハイマツに隣接して、ガンコウラ

ミネズオウ、コメバツガザクラなど背丈が5㎝ほどの矮性常緑低木をついばむ雄

ンやコケモモ、コメバツガザクラといった背の低い矮性常緑低木が分布しています。4月から5月の雪解け時期には、雪の下から顔を出したこれらの矮性常緑低木の葉が（口絵15）ライチョウの餌内容の80％以上を占めていました。

それだけでなく、これらの矮性常緑低木は、乗鞍岳に生息するライチョウの春から秋にかけての主要な餌となっており、雌雄ともに年間の総ついばみ回数の60％以上がこれらの矮性常緑低木でした。

産卵中の雌は昆虫も食べる

5月になり暖かい日が増えてくると、標高の低い場所で発生した昆虫が風に乗って高山帯まで運ばれてきます。多くは、アブラムシ類などの小さな昆虫ですが、時にはカメムシ、ハエ、ハチなど比較的大きな昆虫も見られます。これらの昆虫は、残雪の上に落ちてしまうと、寒さで動けなくなります。5月以降の春の時期には、白い雪の上に動けなくなった昆虫が点々と落ちているのを見かけます。この時期には、雌は茶色、雄は黒い羽へと換羽《かんう》が進んでいるので、残雪上で行動しているとかなり目立ちます。それにもかかわらず、ライチョウのつがいは、頻繁に残雪上で観察され、雪の上で動けなくなった昆虫をついばんでいました。

この残雪上で昆虫をついばむ行動は、雌が先頭を歩き、雄がそのあとをついてゆく行動です。6月上旬には、雌のついばみの約半数が昆虫でした。この時期は、雌の産卵時期にあたっています。卵をつくるためのたんぱく源として、昆虫が必要なのです。大人のライチョウが積極的に昆虫を食べるのは、年間を通してこの時期だけであることが、初めて明らかにされました。

餌のメニューが多彩な夏の時期

雛が孵化《ふか》する7月以降の夏の時期には、高山の環境にも、またライチョウの生活にも大きな変化が起きます。7月に入るころには、くぼ地や谷筋の「雪田《せつでん》」と呼ばれる場所も雪解けが進み、多くの草本植物が花をつけます。植物が高山の短い夏を謳歌《おうか》し、高山がもっとも華やぐ時期を迎えます。

夏の時期には、さまざまな植物の花がライチョウの餌となっています。また、この雪田に出現する「お花畑」は、孵化したばかりで硬い植物が食べられない雛に、イワツメクサやオンタデ、ミヤマゼンコなどの柔らかい草本《そうほん》植物を提供してくれます。雛は生まれてすぐの7月には全体の34・5%、8月には43・2%と、多くの草本植物を食べています。同じ時期の大人の雄では、それぞれ17・4%、37・6%、雌では25・6%、28・3%ですので、雛のほうが多くの草本植物を食べていることがわかります。

孵化後10日目の雛。まだ飛ぶことはできない。

お花畑に咲き誇るさまざまな花は、夏の時期に多くの昆虫を引き寄せます。雛は、花に集まるこれらの昆虫を好んで食べ、8月に雛がついばんだうちの8・4%は昆虫が占めていました。自分の背丈よりも高い花に集まった昆虫を、跳び上がって食べようとする雛の姿は、ほほえましいの一言につきます。育ち盛りの雛にとって、これらの昆虫は、重要なたんぱく源となっているのでしょう。しかし、大人の雌雄は、夏の時期にはほとんど昆虫を食べません。

夏の時期は、ガンコウランなどの矮性《わいせい》常緑低木、クロマメノキやチングルマなどの矮性落葉低木に加え、昆虫や多くの種類の草本植物というように、年間でもっともついばむ餌内容が多様な時期です。

秋には実や種子も食べる

9月になると再びライチョウの餌に変化が起きます。このころになると、今まで多くの家族が利用していた雪田《せつでん》では、家族が観察されなくなり、なわばりのあった風衝《ふうしょう》地で再び観察されるようになります。風衝地では、春先からの主食であったガンコウラン、コケモモ、クロマメノキなどが実をつけ、ライチョウはこれらの実を食べるようになります。10月に入るころには、雛はほぼ親と同じ大きさに成長し、親から独立する時期を迎え、雛から若鳥になります（口絵22）。夏の間姿を見せなかった雄もこのころには姿を見せるようになり、風衝地にはこれらの実を食べに集まった成鳥と若鳥からなる秋群れが形成されます。

9月から10月には、これら以外にもさまざまな植物が実や種子をつけます。ハイマツの実がよく食べられるのもこのころです。秋に実や種子をついばんだ割合は、雄、雌、雛のいずれも30%から40%を占めていました。ライチョウの糞の形や色は、食べた餌内容により季節的に変化しますが、秋にガンコウランの実を好んで食べる乗鞍岳では、この時期になるとライチョウの糞も黒紫色に染まります。

冬の主食はダケカンバの冬芽

11月に入り、背の低いガンコウランやコケモモなどの矮性《わいせい》常緑低木が雪で覆われると、ライチョウが高山帯で餌を手に入れるのは難しくなってきます。この時期ライチョウは、雪に埋まっていないハイマツやナナカマドの実（口絵24）、クロマメノキ、クロウスゴといった落葉樹の冬芽を食べて過ごします。積雪がさらに増加し、これらも利用できなくなり、高山帯で餌が取れなくなると、ライチョウは高山帯から森林限界付近まで移動します。

12月から2月の厳冬期に森林限界付近で観察されたのは、ほとんどが雄でした。雄はこの間、ダケ

ライチョウの雄と冬の主食ダケカンバの冬芽

カンバやナナカマドの冬芽、オオシラビソの青葉をおもに食べていました。特に多かったのは、ダケカンバの冬芽で、この時期の餌の87%を占め、冬期の主食はダケカンバの冬芽であることがわかりました。雌のデータはわずかしか得ることはできませんでしたが、雌の越冬地である湯川谷にはダケカンバの木や低木が豊富にあることから、雌にとってもダケカンバの冬芽が冬期の重要な餌になっていることが予想されます。

四季折々の餌を食べて生きる

ライチョウは高山植物の季節変化に合わせ、さまざまな種類の植物を食べて生活していました。また、植物の成長に合わせ、芽、葉、実、種子を食べていました。食べた餌の中には、ガンコウランやコケモモのように、芽、葉、実、種子のすべてが食べられているものから、種類によっては特定の季節に、特定の部位しか食べない植物がありました。例えば、アオノツガザクラは、乗鞍岳でのライチョウの主食であるガンコウランと葉の形がとてもよく似ていますが、葉はほとんど利用されず、雛が生まれるころに咲く白い壺形《つぼがた》の花と、そのあとにできる種子のみが利用されます。また、日本の高山を代表するハイマツは、葉が食べられることはほとんどなく、夏につける雄花、しかも花粉を飛ばす前の赤紫色のものと、秋に実った種子が利用されるのみです。

ライチョウが同じ植物でも季節によって異なる部位を食べ、植物によっては特定の季節に特定の部位しか利用しないという事実から、ライチョウはまわりにある植物を何でも食べているのではないことがわかります。その時々でライチョウが好んで食べているのは、たんぱく質や脂質などが比較的多く含まれる植物とその部位です。ライチョウは、消化しづらく、低カロリーの植物体そのものを餌としていますが、季節により大きく変化する高山の植生の中で、その時々で得られる少しでも栄養価の高い植物を食べることで、高山での生活を可能にしていたのです。

日本のライチョウは人を恐れない

人を恐れない日本のライチョウ

夏の時期に北アルプスや南アルプスなどの高山に登ると、登山道で突然ライチョウと出合うことがあります。ことに7月から8月には、雌親が可愛い雛を連れているのに出合います。人を怖がることがなく、目の前でじっくり見ることができますので、初めて出合った人には強い印象を与えます。日本のライチョウは、人を恐れないのです。

私は、40代の半ばになるまで、ライチョウは人を恐れないという性質をもともと持った鳥だと思っていました。ですので、学生のころからそのことに何の疑問を抱くことがありませんでした。ところが、外国のライチョウを見て、そうではないことに気がついたのです。

飛んで逃げたアリューシャン列島のライチョウ

1993（平成5）年の夏、私はアリューシャン列島を1か月間訪れる機会がありました。アリューシャン列島は、アジア大陸と北アメリカ大陸とをつなぐように弧を描く、火山列島です。海辺の緑の山には、木は1本もありません。北緯52～55度に位置するため、寒くて木が育たないのです。

ライチョウを見るチャンスは、4日目に訪れました。ウナラスカ島の入り江までボートで行き、そ

氷河で覆われたマクシン峰。アリューシャン列島ウナラスカ島の入り江から望む。

こから歩きの登山です。入り江の先には、一面の湿原が広がり、その中を川が蛇行して流れています。湿原を抜けると、緑一色の山の斜面が続き、その先には真っ白な雪で覆われたマクシン峰（標高２０３６ｍ）が見えます。標高１００ｍほどの丘にさしかかった時、前方およそ50ｍの草の陰から鳥が姿を見せました。ライチョウです。ついに見つけました！初めて見る外国のライチョウです。

しかし、そのライチョウは、私と目が合ったとたんに、なんと飛んで逃げたのです。じつに、あっけない最初の出合いでした。その先でもう1羽のライチョウを見つけましたが、今度のライチョウも飛んで逃げる姿しか観察できなかったのです。これは私にとってまったく予想外の出来事でした。日本でしたら、ライチョウを見つけたら近づき、近くからじっくり観察できます。

ところが、ここでは、それどころではありませんでした。近づくことさえできないのです。それでも、何度目かの出合いで、日本から持ってきた望遠レンズで逃げる姿を撮影することができました。さらにその先で、雛連れの家族を見つけました。雌親と雛7羽の家族です。雛は孵化《ふか》して数日、まだよちよち歩きです。近づくと、突然雌親が飛び立ち、私から10mほどの先で、翼を広げ、傷ついたふりをする擬傷行動を始めました。写真を撮ろうと近づくたびに、10mほど離れた別の場所に移り、同じ行動を繰り返すのです。

アリューシャン列島のライチョウは、人に対する警戒心が日本のライチョウとはまったく違っていたのです。この点は、その後訪れた他の島のライチョウも同様でした。アリューシャン列島では、先住民のアリュート族が住んでいた時代から、ライチョウは狩猟の対象となっていました。現在も多くの地域で狩猟がおこなわれています。だから人に対し、気を許さないのです。約1か月間の滞在のあと、帰りに寄ったアラスカのライチョウも同様でした。人を警戒し、容易には近づけさせてくれないのです。

外国のライチョウは人を恐れる

2年後の1995（平成7）年、イギリスのケンブリッジ大学に1年間滞在する機会がありました。その折、イギリスの北の端、スコットランドを訪れました。ここにもライチョウが生息しています。かつて氷河で削られた山が各地に見られ、標高数百メートルがライチョウの棲む高山環境となっていました。しかし、その多くの場所はヒツジなどの家畜が放牧され、牧場となっていました。車で各地の山を回り、やっとライチョウを見つけることができたのですが、ここでもライチョウは警戒心が強く、飛んで逃げる姿を確認できたのみでした。私は、この時点で、人を恐れない日本のライチョウのほうが、むしろ特殊であることに気づきました。

いったいなぜ、日本のライチョウだけが人を恐れないのだろうか？ 私は、外国のライチョウを見ることによって、初めてこの疑問に向き合うことになりました。外国では、ライチョウは狩猟の対象となってきました。ですので、そのことが人を恐れる直接の原因であることは、すぐに理解できました。しかし、なぜ日本では狩猟の対象にならなかったのか。その本質的な点については、すぐには答えを見いだすことはできませんでした。

この点に納得がいく答えが得られたのは、私がさまざまな国の自然と文化にふれ、欧米文化と日本文化の本質的な違いが理解できてからのことでした。

日本の山岳信仰と稲作文化

日本には、古くから高い山には神が住むという山岳信仰がありました。その山岳信仰と大陸から伝来した仏教が一緒になって生まれたのが修験道《しゅげんどう》です。山にこもって修行し、悟りを開くという、山岳と密接に関係した宗教で、7世紀に奈良県の金剛山で修業した役行者《えんのぎょうじゃ》が開祖とされています。以後、江戸時代の終わりまで約1200年にわたり日本人に広く受け入れられてきました。

では、なぜこのような修験道に代表される山岳信仰が、長い間日本人に受け入れられてきたのでしょうか。日本の歴史を振り返ってたどり着いた結論は、その原因は日本の自然と文化にあるというもの

今も残るほら貝に金剛杖姿の戸隠修験道

でした。

日本は四季を通して雨が降ります。そのため縄文時代以前、日本は広く森で覆われていました。その森の中を大小の河川が流れ、いたるところに湿地や湖があったというのが、日本本来の自然の姿でした。その後、大陸から稲作文化が入ってきて、平地の森や湿地が開墾されて水田がつくられ、開けた環境が広がりました。稲作は、山から水を引いてくる、川の氾濫《はんらん》による洪水に備えるなど、多くの人が力を合わせる共同作業が必要です。そのため、水田の近くに集落をつくって、そこに定住する生活に変わりました。また、水田にすることができない場所には、野菜類を栽培する畑をつくりました。こうして、現在の里の開けた環境がつくり出されたのです。

それに対し、里に隣接した里山の森は、田畑の肥料となる落ち葉を得たり、薪《まき》や炭などの燃料を得たり、家を建てる木材を得たりする場所として、大いに利用されました。里山は、里とともに人びとの生活の場でした。その里山に対し、里から離れた奥山には、神がまつられ、人がみだりに入ることが

南アルプス甲斐駒ヶ岳山頂に残された山岳信仰の遺構

できない地域でした。水田耕作でもっとも大事なのは、水の確保です。そのためには、奥山の森に手をつけてはいけないことを、人びとは長い経験を通して知っていたのです。こうして、里と里山は人の領域、奥山は神の領域として使い分けた日本文化の基本構造がつくられたのです。

修験道に代表される山岳信仰は、このような日本文化の基本構造の中でうまく機能してきたと考えられます。人びとは、山を恐れおののきながらも、時には日常を離れて神との一体化を求め、山に登ることもありました。そして厳しい修行により悟りを開き、再び里に戻って生活の中に生かしました。だから、たとえ奥山に入ったとしても、神罰を恐れ、動物を殺して食べることはしなかったのです。

ライチョウ調査で訪れた山の山頂には、必ずと言ってよいほどかつての山岳信仰の遺構が残っています。ことに古くから信仰の対象となってきた御嶽山や白山では、ふもとから山頂にかけての参道に沿って無数の山岳信仰の遺構を今も見ることができます。これらの山では、１０００年以上にわたり信仰による登拝がおこなわれてきました。独立峰である御嶽山に棲むライチョウの数は、多くても100個体ほどにすぎません。人を恐れないので、簡単に捕獲でき、捕りつくすことができます。にもかかわらず、御嶽山のライチョウが今日まで絶滅せずに存続してきたことは、じつに驚くべきことです。

日本人にとって、ライチョウの生息する高山は古くから信仰の対象であり、奥山のもっとも奥に棲んでいるライチョウは、長い間「神の鳥」だったのです。だからこそ、日本のライチョウは今日なお、人を恐れないのです。その意味で、人を恐れない日本のライチョウは、日本文化の産物と言えます。これが、私が最終的にたどり着いた結論でした。

牧畜文化を基本にした西洋文化

では、ライチョウが人を恐れる地域に住む人びとは、どのような文化を持っていたのでしょうか。私が最初に訪れた外国は、イスラエルでした。湾岸戦争が始まる前の1990(平成2)年のことです。地中海の東の端にあるこの国は、聖書の舞台となった地域で、かつては文明の大変栄えた地域であることを知りました。城壁で囲まれたエルサレムは、キリスト教、ユダヤ教、イスラム教の聖地がある古代都市です。しかし、その反面、この国の半砂漠とも言える貧相な自然とのアンバランスが、私には奇異に感じました。

ヨルダンとの国境に死海と呼ばれる湖があります。その近くには、まわりを断崖絶壁で囲まれたマ

マサダの要塞からの眺め。遠くに見えるのが死海、その先はヨルダン。

サダという要塞がありました。その上からの眺めは、まさに絶景でした。まわりには、木がまったく生えていない山々が岩肌を見せて取り囲み、眼下には水の流れていない川の跡がいく筋も描かれ、死海へと続いていました。

ここから見渡せる一帯は、かつてアラビアンナイトの物語の舞台となった時代に、文明の大変栄えた場所です。そのことは、眼下に残されている多数の遺跡が物語っていました。そのころには、川には水が流れ、一帯には草原の緑が一面に広がっていたのでしょう。人びとは牧畜を営み、豊かに暮らしていたに違いありません。しかし、文明が栄えた結果、緑を失い、牧畜もおこなえない乾燥した土地に変わり、かつての華やかな文明も滅びてしまったのでしょう。ここは、もともと雨の少ない地域でした。ヒツジなどの家畜を飼うことを基本にした牧畜文化は、日本の稲作文化とは本質的に異なり、自然を徹底的に破壊する文化であることに気づきました。

その3年後の1993年、スペインを訪れました。トレモリノスの町で開かれた国際学会に参加したあと、近くにある

スペインの地中海に面した山地。かつての硬葉樹の森は牧畜によりすっかり失われた。

地中海に面した山に登りました。スペインもコロンブスがアメリカ大陸を発見したころには大変栄えた国です。その時代に国土を広く覆っていた1年中葉が緑の硬葉樹の森は、今ではすっかり失われていました。代わってむき出しの岩山と以前にはなかった針葉樹がまばらに生えた、今では牧畜も満足にできない痩せ山になっていたのです。地中海沿岸では、雨はおもに冬に降りますが、夕立のように降ります。そのため、牧畜などでいったん森が伐採されると、地面の土壌が流れてしまうのです。土壌を失うと、豊かな森は二度と戻らないことを、この自然を見て実感しました。

２００５年には、フランスの南の端、ピレネー山脈のふもとにあるルションという町で開かれた国際学会に参加しました。その会議後、参加者とともにピレネーにライチョウを見に訪れました。ライチョウは、森林限界より上の高山帯に生息していましたが、その森林限界のすぐ下に古くからの集落がありました。ここでは、夏に高山帯まで家畜が放牧され、人びととの生活の場となってきたことを端的に物語っていまし

ピレネーのライチョウ生息地。森林限界のすぐ下に集落がある。

た。ここでは、ライチョウは、日本のように人の住む場所から遠く離れて棲む鳥ではなかったのです。狩猟民族としての歴史を色濃く持つヨーロッパでは、ライチョウが狩猟の対象となってきたのは、いわば当然と言えるでしょう。

その後、イタリアのフィレンツェ、ハンガリーのブダペスト、オーストリアのウィーン、イギリスのケンブリッジを訪れました。いずれもかつては、非常に栄えた国と地域です。イスラエルをはじめ、これらの外国を訪れて理解できたことは、文明が栄えると緑を滅ぼし、緑が滅びて文明が滅びることを、世界の歴史は繰り返してきたということでした。チグリス・ユーフラテスの古代文明に始まり、文明の中心は中近東から地中海沿岸、その後は北ヨーロッパ、そして現在はアメリカへと、つぎつぎに移ってきました。人間中心の文化である欧米の牧畜文化は、自然をつぎつぎに破壊してきました。

4章 自然との共存を基本にした日本文化

多様な自然を今に残す

欧米の牧畜文化は、最後には自然を破壊しつくすのに対し、日本では２０００年以上にわたり文明が栄えたにもかかわらず、人の住むすぐ近くに、奥山という手つかずの自然を今も残しています。ここで言う奥山とは、各地に残るブナの原生林、亜高山帯針葉樹林の原生林や高層湿原、高山のお花畑などです。また、狭い日本列島の中に、ツキノワグマ、ニホンジカ、カモシカ、イノシシといった欧米では多くの地域で絶滅した大型の野生動物が今も生息しています。それは、里と里山は人の領域、奥山は神の領域として使い分けてきた古い歴史があり、日本文化の基本は自然との共存だったからです。

こんな国は、少なくとも先進国の中では日本だけです。日本は、世界全体から見ると、その点できわめて特殊な国であることに気づかされました。人を恐れない日本のライチョウは、まさにその日本文化の産物であり、日本文化のシンボルと言える鳥なのです。

信仰による保護から法律による保護へ

しかし、日本人にとってライチョウが神の鳥であったのは、江戸時代の終わりまでです。明治期に

人を恐れない日本のライチョウに驚嘆する外国の研究者

入ると、事情は大きく変わりました。明治維新以後、新政府は急速に近代化を進めるため、日本に古くからある土着的なものを切り捨てる政策をとりました。その中でとられた政策が「神仏分離」でした。この政策により、１０００年以上にわたり、互いに混ざり合う形で人びとに受け入れられてきた神道と仏教は、強引に引き離されました。神道は国家神道に移行し、逆に仏教は廃仏毀釈《はいぶつきしゃく》運動により弾圧されました。それまでの神仏習合の象徴的存在であった修験道《しゅげんどう》が廃止されました。

修験道が廃止され、山への畏敬の念が衰えるとともに、神罰を恐れない人が高山に登るようになり、ライチョウを捕らえて食べる乱獲が始まりました。この事態をさすがの明治政府も憂慮し、１９１０（明治43）年にライチョウを狩猟法の「保護鳥」に指定し、捕獲を禁止しました。その後、１９２３（大正12）年には、史蹟名勝天然紀念物保存法による「天然紀念物」に指定されました。さらに、戦後の１９５５（昭和30）年には、文化財保護法による「特別天然記念物」に指定されたのです。

第 12 回国際ライチョウシンポジウム（2012 年）

このように、ライチョウは信仰により江戸時代まで長い間保護されてきましたが、明治期の一時的に乱獲された時期を除き、以降は法律によって保護され、今日にいたっています。

松本で開催された国際ライチョウシンポジウム

２０１２（平成24）年7月、第12回国際ライチョウシンポジウムが、長野県の松本で開催されました。世界には３００人ほどのライチョウの研究者がいて、研究成果を発表し、保護について論議する国際会議が3年に一度開催されてきました。世界20か国から研究者が集まり、松本市内で４日間の会議が開かれました。

その後、いくつかの班に分かれて2泊3日の乗鞍岳と北アルプスでの野外観察会がおこなわれました。３日間とも梅雨明け後の晴天に恵まれました。世界の研究者が日本の高山を訪れてもっとも感動したのは、日本のライチョウはまったく人を恐れないこと、手つかずのお花畑が今も残っていることでした。

国際会議後の乗鞍岳での現地観察会

どちらも、われわれ日本人にとっては、当たり前のことです。しかし、外国の研究者の中には、日本は公害大国であり、自然保護や野生動物の保護といったことはまったく顧みない国民（エコノミック・アニマル）であるという誤った印象を、いまだに持っている人もいます。それだけに、自分たちがとっくに失った高山のお花畑が今も日本に残っており、その恵まれた環境のもとで狩猟の対象とならず、人を恐れないライチョウが存在すること自体が、大変な驚きだったのです。彼らの日本を見る目が、がらりと変わるのを肌で感じました。

第3部 解明された日本の高山への適応

1章 個体識別による研究

新たな研究のスタート

私は50歳を過ぎてから、ライチョウの研究を本格的に再開しました。再開には、恩師の羽田先生が亡くなり、ライチョウを調査する人がいなくなったことの他にも、いくつかの理由がありました。それらの中で私がもう一度ライチョウと向き合ってみたいと思うようになった最大の理由は、外国を訪れ、人を恐れないのは日本のライチョウだけであること、その理由には日本文化が深くかかわっていることに気づいたことでした。

再開するにあたり、私は大きな決心をしました。それは、羽田先生が最後までやろうとしなかったライチョウを捕獲し、足輪をつけて調査することでした。北アルプスのふもとの大町で生まれ育った羽田先生にとって、ライチョウは「神の鳥」でした。ですので、特別天然記念物のライチョウにいっさいふれることなく、ただひたすら近くから観察を続けることで、30年間にわたりこの鳥の生態を研究されました。

同じ長野県でもアルプスから離れた場所で生まれ育った私は、ライチョウに対し特別な思いは持っていませんでした。神の鳥ではなく、絶滅の危機にひんする希少野生動物という視点から再度研究してみようと思ったのです。近くからただ観察するだけでは、解明できることに限界があります。ライチョウの研究をさらに深めるためには、足輪による個体識別が可能な状態での調査が必要です。足輪がついていれば、見つけた個体が前回の個体と同じかどうか、足輪の色の組み合わせを見ればわかります。つがいとなった雌雄が、昨年と同じ個体どうしなのか、個体が入れ替わったのかもわかります。これらを明らかにすることで、これまでの観察ではわからなかったライチョウの社会や生態の実態が、よりはっきり見えてくるはずです。

また、年齢構成や寿命、年間の生存率や死亡率といった問題も明らかにできます。さらには、ライチョウを捕獲することで、体重の季節変化や遺伝子解析も可能になります。捕獲し、足輪により個体識別することで、これまでとは違った、新たな研究をスタートさせることができるのです。

ライチョウをいかに効率よく捕獲するか

私は、ある特定の山岳を調査地にして、その山に生息する全個体を捕獲し、足輪をつけて標識することにしました。1羽ごとに戸籍づくりをし、少なくとも10年間は研究を続けるという、壮大な研究計画を立てました。その調査地として選んだのが乗鞍岳です。この山は車でライチョウがいる高山帯まで行くことができ、生息数も150羽前後と手ごろであり、かつ独立峰ですので、外部からの個体の移入と外部への個体の移出を考慮しなくてすむからです。

2001（平成13）年から研究室の学生たちと調査を開始しました。最初の課題は、いかに効率よくライチョウを捕獲するかでした。最初にかすみ網を使っての捕獲を試みました。しかし、さえぎるものが何もない高山帯にかすみ網を張っても、丸見えです。捕獲効率は、きわめて悪かったのです。

次に試みたのは、ライチョウにそっと近づき、釣り竿の先につけた丸いワイヤをライチョウの首にかけ、捕獲する方法でした。この方法は、のちに「ライチョウ釣り」と呼ばれるようになりました。人を恐れない日本のライチョウでのみ可能な、きわめて効率的な捕獲方法でした。

足輪で個体識別した調査の開始

捕獲した個体は、まず体重と翼や尾の長さの測定です。次は、両足に2個ずつ、個体ごとに異なる色の組み合わせにした色足輪の装着です。色は、赤、青、黄、黒、白の5色を使いました。さらに、必要な場合には、遺伝子解析のために血液も採取しました。これら一連の作業がすんでから、放鳥です。標識開始後は、ライチョウを探し回り、見つけたらまず足輪の確認をし、足輪のついていない個体がいたら捕獲し足輪の装着をすることを繰り返しました。その結果、数年後には乗鞍岳に生息するほとんどの個体が識別可能になりました。

以後は、それぞれの個体が、毎年どこになわばりを確立し、だれとつがいとなり、何個の卵を産み、何羽の雛を育てたかを追跡調査していくことになりました。また、毎年生まれてくる個体については、雛が親とほぼ同じ大きさになった9月以降に捕獲し、足輪を装着しました。

４月上旬の乗鞍高原からの乗鞍岳

ライチョウの捕獲方法「ライチョウ釣り」

判明した体重の季節変化

乗鞍岳での体重測定

日本のライチョウの体重は、どのくらいなのだろうか？　また、季節により変化するのだろうか？　この問題も、野生のライチョウを捕獲して初めてわかることです。捕獲したら、洗濯用のネットの袋にライチョウを入れて吊るし、ばね秤《ばかり》で重さを量り、そこから袋の重さを引きます。しかし、同じ個体を何度も捕獲することはできないので、四季を通してできるだけ多くの個体を捕獲し、体重を測定することで、集団としての体重の季節変化を調査することにしました。10年以上乗鞍岳で捕獲を続けて、ようやくライチョウの体重の季節変化を明らかにすることができました。

その結果は、私の予想とは大きく異なるものでした。ライチョウは、冬にもっとも餌が得にくいので、秋の時期にたくさん食べて体重を増やし、脂肪という形で体に蓄え、冬を越すと予想しました。そう考えたのは、北極に近いスバールバル諸島のライチョウは、冬に備えて秋には体重が夏の2倍ほどになると、文献で読んでいたからです。ところが、乗鞍岳のライチョウは、秋に少しだけ体重が増える傾向があったものの、特に目立った体重増加がないまま、冬を迎えたのです。

冬のライチョウは、丸々と太って見えます。ですので、そのこともあって秋から冬は、もっとも体重が重いと考えていたのです。しかし、冬に太って見えたのは、羽毛を膨らませ羽毛の間に空気を蓄

オオシラビソの根元で休憩する雌のライチョウ

え、寒さを防いでいたからでした。実際には、体重が増えていないことが、捕獲することで初めてわかったのです。

予想外であった体重の季節変化

では、この世界でもっとも北で繁殖するスバールバル諸島のライチョウと、逆にもっとも南で繁殖する日本のライチョウとの違いは、何を意味しているのでしょうか? 北極に近いスバールバル諸島では、冬は数か月間にわたり太陽が地平線から上ることのない、ほぼ1日中夜の世界です。しかも、雪で覆われるため、餌は数か月間得られません。ですので、スバールバル諸島のライチョウは、秋に体重を増やし、体にエネルギーを蓄えておくことで、厳しい冬をほとんど何も食べずに生き抜いていたのです。

一方、日本のライチョウは、冬には昼間の長さが短くなるとはいえ、活動できる時間は十分あります。また、冬には積雪により高山帯で餌が取れなくなっても、すぐ下の亜高山帯まで下りれば、餌が得られます。したがって、氷河期に日本列島に移り棲んだ日本のライチョウは、もはや冬に備えて体重を増やす必要がなくなったのでしょう。

意外にも、日本のライチョウの体重がもっとも重かったのは、春先でした。雄の場合には、4月中旬の平均体重515gがもっとも重く、その後は徐々に減少し、繁殖活動を終える6月下旬には435gともっとも少なくなり、その後夏から秋にかけ徐々に体重を増やしていました。雄にとって4月中旬は、なわばりを確立し、雌を得るもっとも重要な時期です。そのため、この時期に体重を重くし、体力をつけておくことが雄にとって有利なためと考えられます。

それに対し、雌の場合には、産卵の時期にあたる5月下旬が576gでもっとも重く、その後減少し、7月下旬には419gともっとも少なくなり、その後は秋にかけて徐々に体重が増えていました。雌雄によるこの体重の季節変化の違いは、両者による繁殖行動の違いとも密接に関係していることがわかりました。

遺伝子解析に挑む

ライチョウの血液を採取せよ！

ライチョウを捕獲することで、明らかにしたいと考えたもう1つの課題は、ライチョウから血液を採取し、遺伝子を解析することでした。遺伝子を解析することで、氷河期に日本列島に移り棲み、氷河期の終焉《しゅうえん》とともに高山に逃れ、今日まで世界最南端の生息地で生き続けてきた日本のライチョウの歴史を解明したいと考えていました。現在は本州中部にしか生息していませんが、山岳集団ごとにどの程度分化が進んでいるのだろうか？ また、各山岳間で個体の交流はあるのだろうか？

これらの疑問を解明するには、とにかくすべての山岳集団からできるだけ多くの個体の血液を採取する以外にありません。そこで２００３（平成15）年に開始されたライチョウのなわばり分布の再調査の際にライチョウを捕獲し、血液を採取することにしました。

１個体から採取する血液の量は、わずか０・１mlです。予定していたすべての山岳から血液を採取し終えるには、９年の歳月がかかり、２０１１年までに計２２６個体の血液を採取することができました。

遺伝子の解析

採取した血液は、研究室の学生や院生が卒論研究や修士論文のテーマとして、分析を担当すること

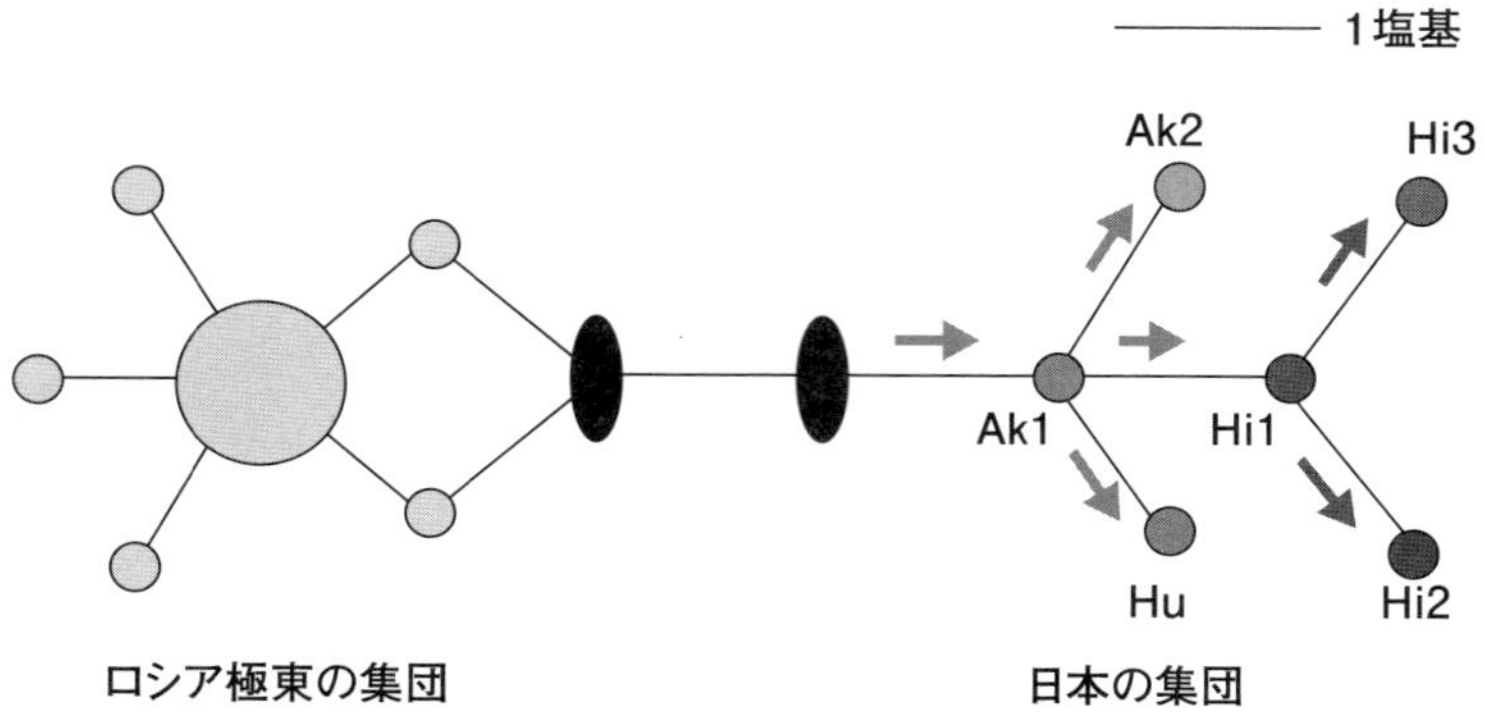

図３　ミトコンドリアDNAの解析によるロシアと日本のライチョウの遺伝的関係

になりました。分析は、上田にある信州大学繊維学部の遺伝子実験施設でおこないました。最初に分析したのは、ミトコンドリアＤＮＡのコントロール領域と呼ばれる部分の遺伝子です。この領域は、遺伝的な多様性に富み、多くの動物で系統分化の解析に使われています。この分析に最初に取り組んだのは、当時院生だった所洋一君でした。分析方法は、当時九州大学におられた馬場芳之さんから指導いただきました。所君のあとは、学生の森口千恵子さん、さらに熊野彩さんに引き継がれました。

ミトコンドリアＤＮＡの解析結果

６年かけての分析でわかったことは、日本のライチョウには計６つの系統（ハプロタイプ）があることでした。ハプロタイプとは、遺伝子であるＤＮＡの４つの塩基（ＡＴＣＧ）の配列パターンのことで、１つの塩基でも異なっていたら、別のハプロタイプです。馬場さんによる先行研究で、日本のライチョウには、Ａｋ１、Ａｋ２、Ｈｉ１の３つのハプロタイプがすでに見つかっていました。その後、私の研究室で集めた血液の分析から、新たにＨｕ、Ｈｉ２、Ｈｉ３の３つが見つかりました。

これら6つのハプロタイプの関係は、Ak1がもっとも古く、それからAk2、Hi1、Huの3つが分かれ、さらにそのHi1からHi2とHi3の2つが分かれたものであることがわかりました（図3）。つまり、氷河期に日本列島に移住してきた祖先系統のハプロタイプがAk1で、それから以後5つの系統が日本で誕生したことがわかったのです。

大陸のライチョウとの関係

では次に、日本のライチョウの祖先である大陸のライチョウとの関係は、どうなっているのでしょうか？ロシアのライチョウ研究者ホルダーさんと日本の馬場さんとの先行研究から、日本のライチョウの祖先は、ロシア極東のライチョウであることが明らかにされていました。それによると、日本のライチョウは、ロシア極東の集団とは、2個のハプロタイプを介してつながっていることがわかったのです（図3）。

突然変異により塩基置換が生じ、新しいハプロタイプが誕生するには、約1万年かかるとされています。日本のライチョウでは、祖先系統であるAk1からその後2回の塩基置換が起き、現在の5つのハプロタイプが誕生しています。そのことから、日本のライチョウは、約2万年前の最終氷期に日本列島に移り棲んだと考えられます。

さらに、ロシア極東の祖先集団とは、6回の塩基置換で生じたハプロタイプでつながっていますの

表1　生息山岳別ライチョウのハプロタイプの分布

ハプロタイプ	山岳							合計
		北アルプス（飛騨山脈）				南アルプス（赤石山脈）		
	火打山	白馬岳周辺	常念岳周辺	乗鞍岳	御嶽山	白根三山	聖岳周辺	
Ak1	3	6	3	11	0	55	14	92
Ak2	0	0	0	0	0	1	0	1
Hu	2	0	0	0	0	0	0	2
Hi1	15	30	20	46	18	0	0	129
Hi2	0	1	0	0	0	0	0	1
Hi3	0	1	0	0	0	0	0	1
合計	20	38	23	57	18	56	14	226

で、日本のライチョウは、ロシア極東の祖先集団とは今から約6万年前に分かれていることもわかりました。

山岳ごとのハプロタイプの違い

日本のライチョウは、山岳によりどの程度の遺伝的な違いを持っているのでしょうか？　ミトコンドリアＤＮＡの分析から得られた各山岳における6つのハプロタイプの分布から見てみます（表1）。

分布北限の火打山では、20羽のうち3羽がＡｋ1、2羽がＨｕ、15羽がＨｉ1でした。逆に分布南限の南アルプス聖岳周辺では、調査した14羽がすべてＡｋ1でした。

日本列島に移住してきた当初のもっとも古いハプロタイプであるＡｋ1は、御嶽山を除く、北アルプスから南アルプスにかけて広く見られています。ことに南アルプスでは、調査した70羽のうち1羽を除くと、すべてがこの古いタイプでした。それに対し、北アルプスとその周辺の火打山と乗鞍岳では、この古いタイプは現在では少数派で、Ａｋ1から誕生した新しいタイプＨｉ１が多数を占めていました。Ａｋ１からは、Ａｋ２とＨｕも誕生していますが、これらはそれぞれ南アルプスで１個体、火打山で２個体が見つかっているのみです。さらに、北アルプスで誕生した新しいタイプＨｉ１からは、さらにＨｉ２とＨｉ３が誕生していますが、それらは北アルプスの白馬岳周辺でそれぞれ１個体が見つかっているのみです。

これらの結果から読み取れることは何でしょうか？ まず言えることは、氷河期に日本列島に移住した当初は、祖先タイプのＡｋ１がこの地域に広く分布していたことです。しかし、この古いタイプは、現在ではおもに南アルプスに残っています。それに対し、北アルプスとその周辺の山岳では、その後古いタイプは減少し、新たに誕生したＨｉ１が多数を占めるようになりました。

ここで注目してほしいのは、御嶽山で採取した18個体はすべて新しいタイプのＨｉ１であったことです。おそらく、移住してきた当初は、御嶽山にも祖先タイプのＡｋ１の個体が生息していただろうと考えられますが、その後噴火などによっていったん絶滅し、その後に北アルプスで誕生した新しいタイプＨｉ１が、乗鞍岳を経由して入ってきたのでしょう。

山岳による隔離

さらに注目してほしいのは、この北アルプスで誕生した新しいタイプは、南アルプスでは見つかっていないことです。御嶽山までは分布を拡大しましたが、南アルプスまでは到達していません。この事実から言えることは、日本のライチョウは、古い祖先タイプの個体からなる南アルプスの集団と、古いタイプから誕生した新しいタイプの個体が多数を占める北アルプスとその周辺の山岳の集団とに、大きく2つに分かれることです。

さらに、乗鞍岳の集団と御嶽山の集団も別集団と考えられます。なぜなら、両者の間で個体の交流があったら、乗鞍岳に見られる古い祖先タイプＡｋ１が御嶽山の集団にも見られるはずだからです。

このことは、ライチョウは乗鞍岳と御嶽山の間の21・６㎞の距離を容易には移動できないことを意味しています。また、ライチョウが絶滅した１９６５（昭和40）年ごろから50年以上にわたり中央アルプスでは、この間ずっとライチョウが見られていませんでしたが、２０１８（平成30）年７月20日に駒ヶ岳（２９５６ｍ）で雌１羽が確認されました。御嶽山と中央アルプス、中央アルプスと南アルプスとの最短距離、それぞれ29・６㎞、32・９㎞ですので、この雌は約30㎞離れたどちらかの山から移動してきたのです。

では、火打山の集団はどうでしょうか。今のところ、火打山で見つかったＨｕは、北アルプスでは見つかっていません。逆に、北アルプスの白馬岳周辺のＨｉ２とＨｉ３は、火打山で見つかっていません。ですので、火打山の集団も隔離集団の可能性があります。しかし、今回のミトコンドリアＤＮＡの結果からは、それ以上のことは言えそうにありません。

２０１８年に中央アルプス駒ヶ岳で約50年ぶりに発見された雌が、南アルプスから移動してきたのか、あるいは御嶽山または乗鞍岳から移動してきたのかは、大変重要な問題です。というのは、絶滅した中央アルプスのライチョウ集団が、南アルプス起源の集団か、北アルプス起源の集団かを考えるうえで重要な示唆を与えるからです。将来、中央アルプスのライチョウ集団を復活させる場合、どちらの集団のライチョウを放鳥したらよいかにもかかわってきます。

２００９年５月、白山でも絶滅から70年ぶりに雌のライチョウが確認されました。この雌については、捕獲し血液を採集し遺伝子解析をしたところ、北アルプス系統の雌で、北アルプスから移動してきた雌であることがわかりました。

ですので、50年ぶりに駒ヶ岳で発見された雌についても、早急に捕獲し、遺伝子解析を実施することが期待されます。どちらの系統の雌かがわかれば、その系統から雄を持ってきて、この雌と繁殖させることも可能になり、中央アルプスのライチョウ繁殖集団を復活させるきっかけとなる可能性もでてくるからです。また、どちらの集団の雌かがわかることは、日本のライチョウの移動能力を考えるうえでも重要な示唆を与えてくれるでしょう。

マイクロサテライトＤＮＡの解析

２００４（平成16）年からは、同じ血液を使ってマイクロサテライトＤＮＡの解析も始めました。ミトコンドリアＤＮＡは、細胞の中で核の外にあるミトコンドリアの遺伝子です。それに対し、マイクロサテライトＤＮＡは、核内の染色体にある遺伝子です。こちらの分析を最初におこなったのは、当時研究室学生の四方田紀恵さんでした。彼女は、国立科学博物館の西海功さんの指導を受け、分析方法を学びました。

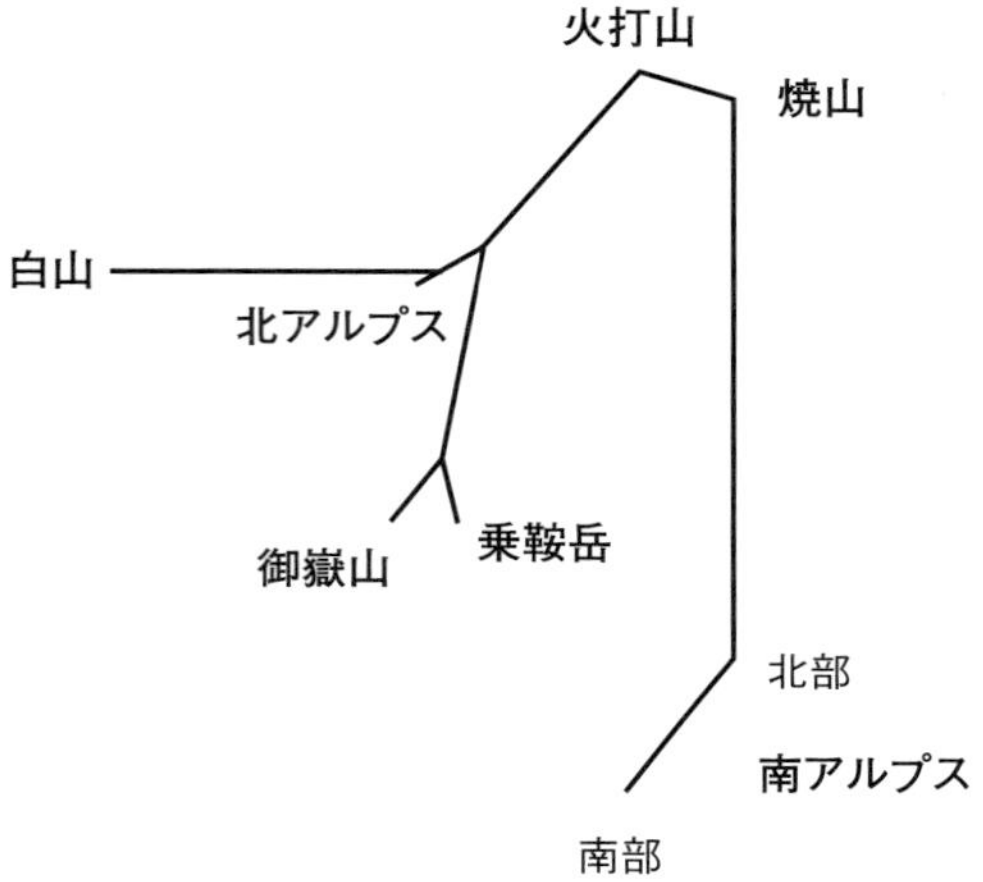

図４　日本のライチョウ集団の遺伝的系統関係

分析を終えた彼女が出した結論は、予想外のものでした。火打山の結果は、地理的に近い北アルプスの集団に近いだけでなく、もっとも離れた南アルプスの集団とも近い関係にあると言うのです。これは、いったいどういうことなのだろうか？

この謎が解明されたのは、サンプルが不足する山岳から新たに採取した血液の分析を終え、それぞれの集団が遺伝的にどの程度近いか遠いかを示した系統樹を完成した5年後のことでした。この後半の分析は、環境省の資金援助を受け、卒業後の四方田さん、研究室の修士課程を終えた笠原里恵さん、それに西海さんの3人が担当しました。

その結論は、火打山の集団は、独立した集団であるだけでなく、南アルプスの集団と北アルプスの集団の中間に位置し、両集団をつなぐ祖先集団であるというものでした（図４）。では、なぜ火打山の集団は、南北両集団の間に位置する祖先集団なのでしょうか？

その答えは、日本のライチョウが最終氷期に日本列島に移り棲み、その後氷河期の終焉《しゅうえん》とともに、北に退いていった歴史にあることに気づきました。

なぜ火打山の集団は祖先集団なのか？

最終氷期に日本のライチョウは、北海道、東北地方を通って、北から本州中部に入ってきました。したがって、かつて存在した東北地方の集団が、現在の本州中部にいる集団の祖先集団と考えられます。その東北地方の祖先集団の一部が、火打山のある頸城山塊を通り、北アルプスを経由して乗鞍岳、さらにその南の御嶽山にたどり着きました（図5）。また、その一部はさらに北アルプスから、その西にある白山までたどり着きましたが、それより西には高い山がなかったので、白山が分布の西の端となりました。

この北回りで本州中部に入ってきた集団とは別に、東北地方から飯豊山地、三国山地を通り、八ヶ岳を経由して南アルプスにたどり着いた東回りの集団もあったと考えられます。こちらの集団は、南アルプス南端の光岳《てかりだけ》までたどり着きましたが、それより南に高い山はないので、南アルプス南端が日本、そして世界のライチョウ分布の最南端となりました。

では、最終氷期が終わり温暖となった時、日本のライチョウにどのような変化が見られたのでしょうか？　一部は、本州中部の高山に逃れることで、今日まで絶滅せずに生き

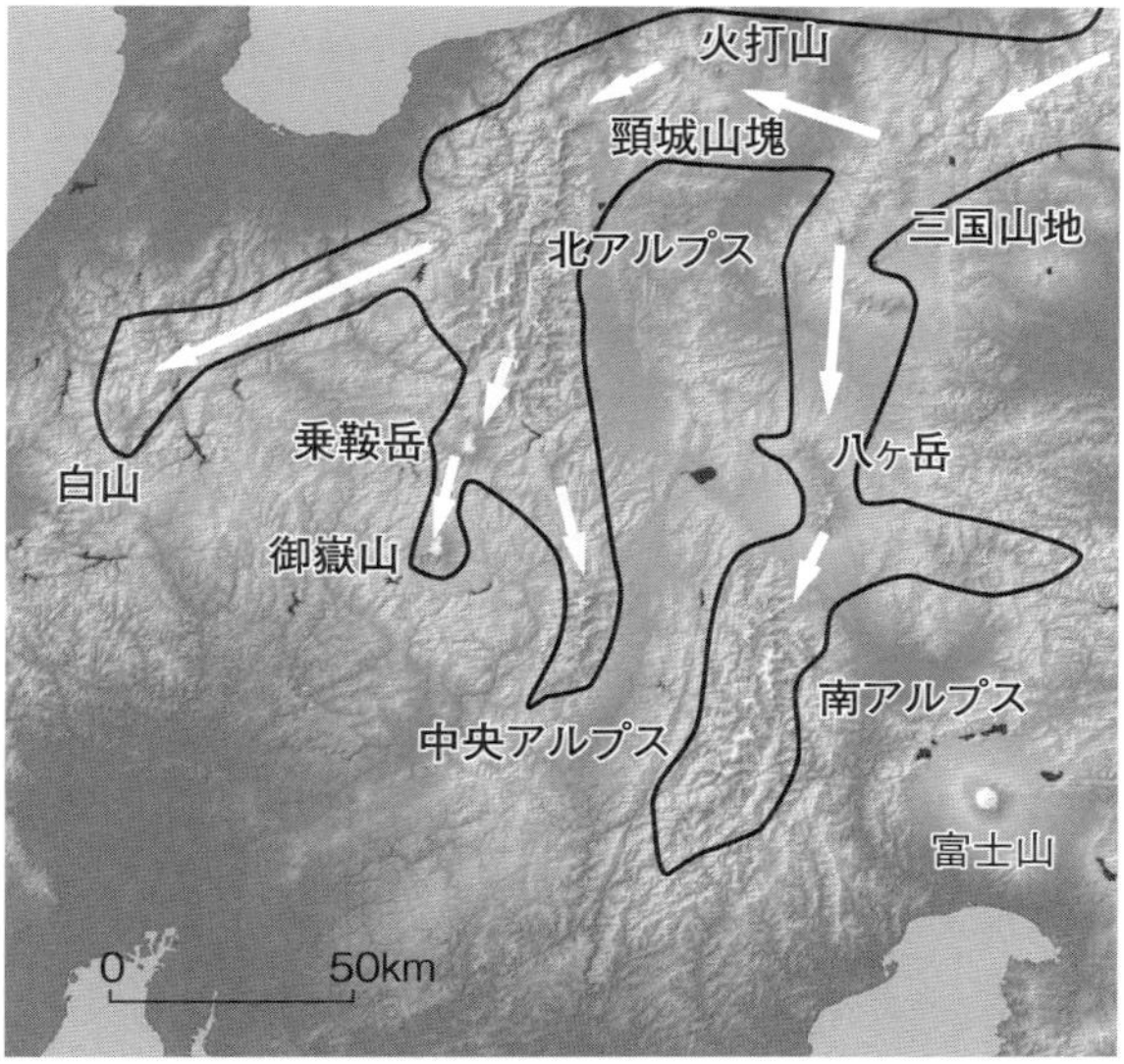

図５　最終氷期に本州中部に入ってきた予想経路

残ることができました。それに対し、それ以外の集団は、もと来た北の方向に退いていきました。その過程で、氷河期に北アルプスで分化した集団と南アルプスで分化した集団とが、頸城山塊から飯豊山地、さらに東北地方で混じり合い、交雑したと考えられます。

しかし、この北に退いた集団は、その後現在よりも年平均気温が1度から2度高かった約6000年前に、広い地域で絶滅したと考えられます。その北陸から東北地方にかつてあった交雑集団の末裔《まつえい》が、火打山で今日まで絶滅せずに生き残ってきたと考えられます。だから、火打山の集団は、系統的には南北両集団の中間に位置する。これが、一連の遺伝子解析から最終的にたどり着いたわれわれの結論でした。

日本列島での適応と進化の歴史

約2万年前の最終氷期に日本列島へ移り棲み、その後本州中部の高山に逃れ、山岳により隔離が進む中で、日本独自の進化を遂げて今日にいたった日本のライチョウがたどってきた歴史を、遺伝子解析から垣間見ることができました。私は、日本のライチョウが世界最南端の生息地で、今日まで絶滅せずに生き残ってきたことは、まさに「奇跡」だと考えています。それは、氷河期から何万年にもわたって、小さな奇跡が幾重にも積み重なることで、初めて可能となった「大いなる奇跡」と言えるでしょう。

そもそも、日本にライチョウが棲める高山帯が存在したこと自体が奇跡と言われています。それを可能にしたのが、日本の高山特有の強風と多雪でした。日本では、偏西風の影響を受けて、四季を通し高山では強い西風が吹きます。氷河期が終わり、日本海に暖かい黒潮が流れ込んだことで、その偏西風が日本海で温められ、それによってできた多量の湿気を含んだ雲が山でさえぎられ、日本海側に世界有数の多雪をもたらしました。その結果、日本に本来より低い標高の地に高山帯が存在することを可能にしたのです。

次の奇跡は、日本の高山にはハイマツが存在したことでした。ハイマツは、極東に分布し、氷河期にライチョウと同様に日本列島に入ってきた植物です。ともに南アルプス南端の光岳《てかりだけ》付近が、分布の南限となっています。そのハイマツが日本では高山帯に存在し、日本のライチョウに営巣場所と隠れ場という安全な場所を提供してくれました。日本のライチョウは、天気のよい日には天敵の猛禽《もうきん》が下から上がってくるのを恐れ、日中にはハイマツに隠れて出てきません。風衝地《ふうしょうち》のハイマツのまわりには、ガンコウランやコケモモといったライチョウの餌が豊富にあります。ですので、晴れた日には、早朝と夕方の安全な時間帯にのみ短時間、餌を食べに出る生活を可能にしています。逆に天気の悪い日には活発に行動するので人目につきやすく、これが日本のライチョウが雷の鳥と呼ばれるようになったゆえんでもあります。日本の高山は、ライチョウに豊富な餌とかつ安全な雲の上の楽園を提供してくれたのです。

そして何よりも驚くのは、ライチョウ自身が長い時間をかけて獲得した、日本の高山環境へのあらゆる面での驚くべき適応と進化です。本来、四季がなく、ほとんど雪に閉ざされたツンドラに適応したこの鳥が、これほどまでに四季のある日本の高山に適応することができなければ、世界最南端の生息地で生き残ることはできなかったでしょう。体重の季節変化に始まり、雪のない時期が長い日本の高山環境に合わせた年3回におよぶ換羽《かんう》とそれによる保護色の確立、さらには繁殖や越冬の習性にいたるまで、いじらしいまでに日本の高山環境への適応を果たしてきました。それができたことは、もはや「奇跡」と呼ぶにふさわしいでしょう。

ですが、奇跡はそれだけではありませんでした。彼らが移り棲んだ日本という国が、奥山を信仰の対象とする特異な生活文化を築き上げてきた国であったという奇跡がなかったら、日本のライチョウは、とうの昔に絶滅していたでしょう。日本では、ライチョウは神の鳥としてあがめられ、狩猟の対象にはなりませんでした。また、彼らが棲む高山の環境も、古くは山岳信仰、最近では法律により今日まで手つかずの状態で保たれてきました。

現在、われわれ日本人が、夏の高山で当たり前のように出合える、人を恐れない愛らしいライチョウ。それは、こうしたさまざまな奇跡が幾重にも重なり合い、何万年もかかって形づくられてきた姿だったのです。

しかし、その奇跡の糸も、近い将来、ついに途切れようとしています。そのことに、多くの人に早く気づいてほしいのです。

第4部 ライチョウに迫るさまざまな危機

1章

多くの山での数の減少

25年ぶりの数の再調査

ライチョウ調査を再開し、私が調査したいと思っていたもう1つは、ライチョウの数でした。羽田先生が全山のライチョウの個体数調査を終えてから、すでに20年以上が経過していました。ライチョウの数は、この間に変化しているだろうか？ 以前に実施したのと同じ方法、同じ時期に調査したら、数が変化しているかがわかります。そこでおもだった山から順に、年に1回ないし2回の調査を実施することにしました。

羽田先生が実施したライチョウの数の調査は、前述のようにライチョウが一夫一妻のつがいとなり、なわばりを確立している5月から6月に、山ごとのなわばりの分布と数を調査する方法です。数の再調査は、さっそく２００２（平成14）年から研究室の学生やライチョウに関心がある方の協力を得て開始しました。４人または5人での2泊ないし3泊の調査です。最初に調査したのは、乗鞍岳でした。翌年は、火打山で調査しました。両山ともに、以前の調査となわばり数はほとんど変わっていないという結果でした。

激減した南アルプス白根三山のライチョウ

調査３年目の２００４（平成16）年は、南アルプスの白根三山（北岳・間ノ岳《あいのだけ》・農鳥岳《のうとりだけ》）を調査す

北岳に侵入したニホンザル。ハイマツの球果から種子を取り出し食べている。

ることにしました。これらの山は、1981（昭和56）年に南アルプスでは初めて本格的な調査をした私にとっても思い出深い山です。

調査の下見のつもりで、その前年の9月に学生だった片岡良介君と2人で北岳を訪れました。久しぶりに訪れた日本で2番目に高い北岳。ですが、ライチョウが見つからないのです。北岳から間ノ岳にかけての白根三山は、以前は、南アルプスでもっとも多くのなわばりがあった地域です。今回は、天気がよすぎたのかもしれません。しかし、姿が確認できないだけでなく、糞や羽などもほとんど見つからなかったのです。大変なことが起きていると直感した私は、予定を変更し、下見の1週間後に再び訪れ、詳しく調査することにしました。

北岳から間ノ岳にかけての一帯を調査した結果、2つの異変が起きていることがわかりました。1つは、間違いなくライチョウがこの地域で激減していることです。もう1つは、この地域の高山帯一帯でニホンザルの糞が見つかり、実際に20頭ほどの群れが観察されたことです。私が30代に調査した時には、サルは見られず、糞もありませんでした。

山から下り、この調査結果をまとめ、環境省に報告しました。翌2004年、環境省と山梨県が、白根三山一帯を調査することになりました。信州大学の学生と地元山梨県の関係者8名ほどで、6月に5日間かけて白根三山一帯のなわばりを調査しました。その結果、1981年に白根三山一帯でちょうど100あったなわばりが、半分以下の41に減っていることがわかりました。もっとも減少が激しかったのは北岳周辺で、北岳から間ノ岳にかけて以前に63あったなわばりが18にまで激減していました。

30年間で3000羽から2000羽に

2004（平成16）年の白根三山での結果を受け、以後は予定されていた残りの山岳の調査を急ぐことにしました。年に2回、多い年には3回の調査を実施し、開始してから9年目の2009年に予定していた全山の調査を終えました。

ライチョウの数の再調査からわかったことは、多くの山で減少していることでした（表2）。もっとも減少していたのは南アルプスで、20年前に288あったなわばりが半分以下の122（42・4％）に減少していました。次は、御嶽山で1981（昭和56）年に50あったなわばりが、2008年には28（56・0％）になっていました。減少しているのは北アルプスも同様で、784あったなわばりが442（56・4％）に減少し、減少率は南部ほど大きいことがわかりました。

表２　推定されたライチョウの生息数

山岳	1965－1985 年調査時		2002－2009 年調査時	
	なわばり数	推定生息数	なわばり数	推定生息数
火打山周辺	10	25	11	28
北アルプス周辺	784	1,960	442	1,104
乗鞍岳	48	120	58	145
御嶽山	50	125	28	70
南アルプス	288	720	122	306
計	1,180	2,950	661	1,653

これらの結果をもとに、全山のライチョウの数を推定すると１６５３羽となりました。前回の調査からの約30年間に、３０００羽であったものが２０００羽以下に減少したことがわかったのです。

鳥類や哺乳類などの動物が長期間にわたり存続し続けるには、まとまった数が必要です。その最低限の数は、存続可能最小個体数（ＭＶＰ）と言われ、人により見解は異なりますが、ほぼ１０００個体とされています。

このことから、日本に生息するライチョウの数は減ったといえ１７００羽いるので、まだ大丈夫と思う人がいるかもしれません。確かに、１７００羽が１つの集団であったら、そのとおりかもしれません。ですが、日本のライチョウは、山岳により隔離され、個体の交流がないいくつかの集団に分断されています。現在もっとも小さい火打山の集団は、20～30羽ほどにすぎません。御嶽山では１００羽以下、乗鞍岳では２００羽以下、南アルプスでは５００羽以下です。北アルプスの集団がかろうじて１０００羽を超えるのみです。

絶滅は、分布周辺の小集団で起きます。先にふれたように、中央アルプスにもライチョウが生息していましたが、今から50年以上前の１９６５（昭和40）年ごろに絶滅しました（ただし、２０１８年に雌1羽を確認）。75年ほど前の白山にも生息していました。それ以上前には、八ヶ岳のライチョウも絶滅しています。氷河期が終わって以後、日本のライチョウは絶滅の歴史を繰り返してきました。現在は、本州中部の高山にかろうじて残っている状態ですが、その絶滅のプロセスは今も続いているのです。

2章 温暖化によるライチョウへの影響

温暖化の影響予測

日本のライチョウにとって将来懸念される問題は、温暖化による影響です。温暖化の影響は、北の地域ほど、また標高の高い地域ほど強く受けると言われています。ですので、高山に棲むライチョウは、日本でもっとも温暖化の影響を受けやすいと考えられます。温暖化によりライチョウの棲める高山帯の面積が狭まるからです。

では、その影響を予測することはできないでしょうか。

思いついたのは、以前に羽田先生と一緒に調査したライチョウのなわばり分布をもとに検討することでした。推定された全山のなわばりについて、1つずつ標高を調べてみました。その結果を横軸に緯度、縦軸に標高をとった図の上に、1つひとつのなわばりを落としてみました（図6）。この結果から、南アルプスのライチョウ分布の下限線を求めたところ、南と北の端では標高が低く、その中間は高いという曲線になりました。

気温は、標高が高くなるにつれて低くなります。その割合は、標高が154m高くなると、気温は1度低下します。ですので、年平均気温が1度高くなったら、この下限線より154m高い線より下のなわばりは、すべて消失すると仮定したのです。このようにして、温暖化とともになわばり数がど

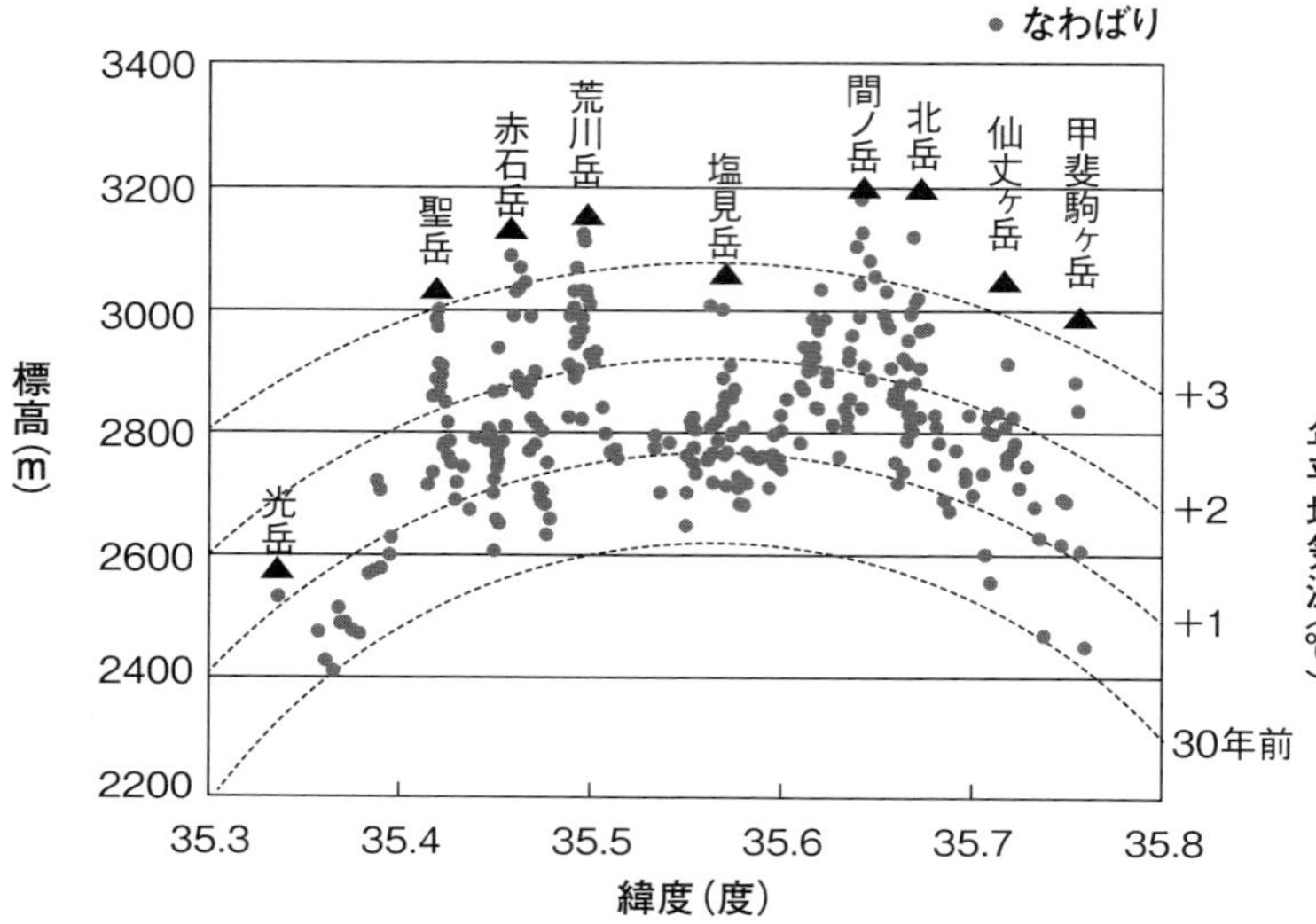

図6　南アルプスの温暖化の影響予測（30年前のなわばり分布からの予測）

のように減少するかを検討してみました。

その結果、南アルプスでは、気温が1度上昇すると64個（22・2％）のなわばりが消失し、さらに2度上昇すると新たに135個（46・9％）が消失し、30年前の7割ほどが消失すると推定されました（図6）。さらに、3度の上昇では14なわばりとなり、南アルプスのライチョウはほぼ絶滅状態になります。

では、他の山岳ではどうでしょうか。もっとも標高の低い場所で繁殖する火打山の集団は、わずか1度の上昇で絶滅します。御嶽山と乗鞍岳では、3度の上昇で絶滅。北アルプスでは3度の上昇で72なわばりとなり、槍ヶ岳周辺の集団と白馬岳周辺の集団に分断されます。日本全体では、年平均気温の1度上昇で30年前の74・2％、2度の上昇で38・2％、3度では6・4％になると推定されました。

2度の上昇が限界

温暖化の影響の予測結果が意味することは何でしょう

か？

それは日本のライチョウは、年平均気温が３度上昇したらほぼ絶滅状態になるということです。今から約６０００年前、日本のライチョウは１度から２度高い状態を経験しています。その意味でも、２度の上昇がほぼ限界であり、３度の上昇は致命的な結果をもたらすと考えられます。

２０１２（平成24）年の気象庁発表によると、日本ではこの１００年間に年平均気温が１・２度上昇しています。最近になって、温暖な地域に生息するチョウなどの昆虫が日本でも見られるようになったことや、ツバメの越冬場所が北に拡大しているなど、温暖化による影響と思われる変化が起きています。温暖化によるライチョウへの影響は、すでに起きている可能性も考えられます。

3章 草食動物の高山への侵入

高山で見られるようになったサルやシカ

温暖化による変化はゆっくりで、その変化に気づくには時間がかかるので、気づいた時には手遅れとなる可能性があります。それに対し、もっと急激に日本のライチョウを脅かす深刻な事態が現在起きています。

それはニホンジカ、ニホンザル、イノシシ、ツキノワグマといった草食動物の高山帯への侵入です。これらの草食動物は、いずれも以前には低山に生息し、高山にはいなかった動物です。私が30代のころ、ライチョウ調査で各地の高山に登っていたころには、これらの動物を高山で見かけることはありませんでした。それが、今では、これらの動物の姿や生活痕跡を高山で見かけることが普通になってきました。

私がこの事態に最初に気づいたのは、2003（平成15）年に南アルプスの北岳に登った時でした。ここで見たニホンザルが最初です。北岳肩の小屋の森本聖治さんによると、北岳にサルの群れが上がってきたのは、1990年代中ごろからとのことでした。

次に私が気づいたのは、ニホンジカの高山帯への侵入です。2005年に南アルプス南部の聖岳から光岳《てかりだけ》一帯のライチョウ調査に訪れた時のことです。伊那から聖平小屋のある尾根に登りつめたとこ

乗鞍岳で見つかったイノシシの掘り返し跡

ろで、おびただしい数のシカの足跡に驚かされました。夏に美しい花を咲かせる雪田《せつでん》や雪崩《なだれ》崩壊地のお花畑は、すでにシカに食べつくされ、トリカブト、マルバダケブキ、コバイケイソウといった毒草が優占した草原に変わっていました。

北岳から間ノ岳《あいのだけ》一帯のライチョウの激減に気づいた私は、2003年以後毎年この地域を訪れることになりました。当初のころ、シカの食害が目立ったのは、広河原から白根御池小屋にかけての比較的標高の低い亜高山帯針葉樹林の林床や雪崩崩壊地でした。その後シカによる食害は、年々高い場所に移っていき、白根御池小屋の上の「草スベリ」と呼ばれるお花畑が年々失われていくのを見ながら北岳に登りました。シカの食害は、南アルプスの南部から始まり、北へと広がったのです。草スベリのお花畑は、その後マルバダケブキとコバイケイソウの優占した植生に変わりました。この地域では、シカが亜高山帯から高山帯に本格的に侵入するのに5年とかかりませんでした。

さらに、その次に高山帯に侵入したのは、イノシシでした。

仙丈ヶ岳の氷河地形、小仙丈カール

２００６年の秋に北岳を訪れた折、食害の進んだ草スベリで、あちこちが掘り返された跡を見つけました。その時は、だれが掘った跡か不明でしたが、のちにイノシシであることがわかりました。イノシシの掘り返し跡は、その後高山帯でも見られるようになりました。

サル、シカ、イノシシに加え、最近ではツキノワグマの高山帯への侵入も深刻です。乗鞍岳でライチョウ調査を開始した２００１年ころ、クマに合うことはまれでした。それが、10年が経過したころには、夏の時期、調査中に1日に一度はクマを見かけるまでになりました。クマの高山帯への本格的な侵入も始まったのです。

失われた高山のお花

最近になって高山に侵入したサル、シカ、イノシシ、ツキノワグマは、いずれも比較的大型の草食動物です。これらの動物が高山で食べているのは、高山植物です。寒冷で夏が短い高山は、植物にとって過酷な環境です。多くの高山植物は、

小仙丈カールに侵入したニホンジカの群れ（撮影：樋口直人氏）

毎年蓄えた栄養分を使って生活しており、1年間にごくわずかしか成長できません。その高山植物が、高山に侵入したこれらの草食動物の食害にあったら、どうなるかを想像してみてください。

シカによる高山植生の破壊がいかにひどいものか。私がそのことを最初に体験したのは、南アルプスの北の端にある仙丈ヶ岳《せんじょうがたけ》でした。この山には、大仙丈、小仙丈、藪沢の３つのカールがあります。氷河時代、この山の山頂部は厚い氷で覆われていました。その時代に、氷の重みで削られてできたスプーンでえぐったような地形がカールです。

２００６（平成18）年の夏、甲府市に住む樋口直人さんが、小仙丈カールで撮影したシカの群れの写真を送ってくれました。実際には30頭いた群れの一部を撮影したものでした。私は、すでにここまで分布を広げたことに大変驚きました。私が予想していた以上の速さでした。

その3年後の6月、ライチョウ調査で小仙丈カールを訪れた私は、あたり一帯に残されたおびただしい数の糞と無数に

ニホンジカの侵入によるアオノツガザクラ群落の荒廃

できたシカ道に驚きました。一面に覆っていたアオノツガザクラなどの矮性《わいせい》低木の群落は、食害と踏みつけで半分以上が白く枯れていました。本来ならこの時期、キバナシャクナゲは薄黄色の花を咲かせていますが、花を咲かせている株はほとんど見られませんでした。高山植物は、食害にあうと年々サイズが小さくなるとともに花を咲かせなくなり、ついには枯れてしまうのです。

このカールは、尾根の登山道から離れています。20頭から30頭のシカの群れは、人を警戒することなく、昼も夜もひと夏を通して生活していたのです。いったん高山帯にシカの群れが入ってしまうと、ほぼ3年で高山植生は回復不能なまでに失われることを実感しました。

現在、ニホンジカとニホンザルは南アルプスの高山帯全域に侵入し、最後に残されていた高山の貴重なお花畑、その多くがすでに失われました。今後は、同じことがライチョウの棲む他の山岳でも起きようとしています。ニホンジカとイノシシは、北アルプスの山麓全域に分布を拡大しており、すで

ニホンジカの食害後に始まった土砂の流出

に各地の高山帯に姿を見せ始めています。さらに、その北の火打山では、2015年ごろからニホンジカとイノシシの本格的な侵入が始まりました。

御嶽山だけは、今のところ唯一ニホンジカ、ニホンザル、イノシシの高山帯への侵入は見られていません。しかし、すでに山麓まで分布が広がっていますので、高山帯への侵入が始まるのは、ここでも時間の問題です。

野生動物は、餌が十分得られ、天敵がいなかったら、その動物が本来持っている能力一杯に数を増やします。シカは、毎年2割ずつ増えます。ですので、野生動物の問題は火事と同様、初期消火が重要なのです。1000頭でしたら、その2割を取り除くことは可能でしょう。それが10万頭になったら、いくら捕っても間に合わないのです。それが日本で起きている現状なのです。これからは人に替わり、増えすぎた野生動物が、残された貴重な日本の自然を破壊する段階に入ったというのが、私の現状認識です。

ニホンジカとニホンザルの群れが高山帯全域に侵入した南

アルプスでは、現在各地で高山帯からの土砂の流出が始まっています。高山の急傾斜地の土砂が崩れるのを止めていた高山植物が、シカやサルの食害にあったからです。急傾斜地では、いったん土砂が崩れ始めると、大雨のたびに崩壊地は広がっていき、そこは植物が生えることが困難な場所となります。

氷河期が終了して以後、数千年の歳月をかけて確立されてきた日本の高山環境は、ここ20年ほどで起きている草食動物の高山帯への侵入により、バランスが崩れようとしています。食害によりバランスが崩れた時、その影響を受けるのは貴重な高山植物だけではありません。高山植物に依存して生き残ってきた貴重な高山昆虫、さらには高山植物を餌とするライチョウも多大な影響を受けることになります。

なぜ野生動物は高山に侵入したのか？

ではなぜ、ニホンザル、ニホンジカ、イノシシ、ツキノワグマといった本来低山に生息していた草食動物が相次いで高山に侵入するようになったのでしょうか。

その原因は、狩猟に携わる人の減少と高齢化です。それによって、明治以降から続いてきた狩猟による野生動物の捕食圧が、最近では低下したのです。別の言い方をすると、日本人が野生動物を捕って食べなくなったからです。その結果、これらの動物は人里や里山で数を増やすことになりました。里山では過疎化が進み、生活の場ではなくなってきたことも、増加の大きな要因でした。里は、農作物が得られるので、山地以上に餌の豊富な場所です。加えて、1970年代以降の減反政策が人里への進出に拍車をかけました。餌だけでなく、隠れ場まで提供することになったのです。野生動物にとって、人はかつてのような怖い存在ではなくなり、数を増やしたこれらの野生動物が最近では市街地にまで出没するようになりました。

人里に進出し、数を増やした野生動物は、逆に里から山へ分布を拡大することになったのです。その結果、それまで長い間障壁となっていた亜高山帯の針葉樹林を越え、とうとう高山帯にまで進出することになったのです。おそらく、日本の歴史始まって以来の事態が起きたのです。

捕食者の高山への侵入

高山帯に設置したセンサーカメラで撮影されたキツネ

新たなライチョウの捕食者

高山に侵入するようになったのは、サル、シカなどの草食動物だけではありませんでした。キツネ、テン、ハシブトガラスといったライチョウの捕食者の高山への侵入も始まりました。これらの捕食者は、以前には高山にはいなかった本来は里や低山に棲む動物です。サルやシカは、食害による高山環境の破壊といった形でライチョウに間接的に影響をおよぼすのに対し、捕食者は直接ライチョウに影響をおよぼします。

キツネ、テンが高山に侵入するようになったのは、サルやシカより時期的に早く、今から50年ほど前のことです。このころは、登山が本格的なブームとなった時期です。多くの登山者が山を訪れるようになった結果、人とともにこれらの捕食者も高山に登るようになったのです。

誘引したのは、登山者が捨てた残飯と山小屋の残飯でした。中央

羽軸の先端までキツネに食べられたライチョウの羽

アルプスに駒ヶ岳ロープウェイができたのもこのころです。年間数十万の人が入山した結果、中央アルプスのライチョウは、その後数年で姿を消しました。また、このころには、高山でオコジョが観察されたことが、ニュースになったほどです。カラスもこのころから高山に侵入したのです。

キツネ、テンによる捕食

南アルプスの白根三山では、キツネ、テンが見られるようになるとともに、ライチョウの数が減少しだしました。そのことに最初に気づいたのは山岳関係者でした。山梨県は、ライチョウ保護のため、１９７６（昭和51）年から県の事業としてやまなし猟友会とともに高山でのキツネ、テンの捕獲を開始しました。私が30代のころ白根三山一帯のライチョウのなわばり数を調査したのは、この事業が始まってから5年後の１９８１年です。この事業は、その後２００４年まで続けられました。しかし、この間にどのくらいの数のキツネやテンが高山で捕獲されたかについては、一時期を除き、はっき

ライチョウの羽軸の先端が入ったキツネの糞

りした記録は残されていません。しかし、この事業が実施されたにもかかわらず、白根三山のライチョウの数は、その後も減少を続けたのです。

調査中にライチョウの羽が多数散らばっている捕食跡を見つけることが時々あります。それらを発見した場合には、残されたライチョウの羽を詳しく調べます。羽から捕食されたのが雄か雌かがわかるだけでなく、捕食したのが哺乳類なのか、猛禽類《もうきんるい》なのかがわかるからです。キツネによる捕食の場合には、風切り羽や尾羽といった大きな羽の根元部分が、食べられてなくなっています。その食べられた羽の根元部分が入ったキツネの糞が、これまでに多数見つかっています。

それに対し、猛禽に捕食された場合には、これらの大型の羽はくちばしで1本ずつ抜かれるので、羽の根元部分にはくちばしによる傷跡や折れ曲がった跡が残されています。この方法で捕食者を特定した結果、ほぼ半数はキツネ、テンであることがわかりました。

最近捕食者となった猛禽《もうきん》

チョウゲンボウは、キツネ、テン、カラスとは異なり、最近になって本格的に高山に侵入したライチョウの捕食者です。ハトほどの大きさのこの小型猛禽が捕食しているのは、孵化《ふか》したばかりのライチョウの雛です。今から50年前には、この鳥は数の少ない希少な鳥でした。1953（昭和28）年には、長野県中野市の十三崖《じゅうさんがけ》がこの鳥の集団繁殖地として国の天然記念物に指定されたほどです。その後、チョウゲンボウは、市街地のビルや橋といった人工構造物に営巣するようになり、急激に数を増やしました。そのチョウゲンボウが、ライチョウの雛が孵化する7月から8月の時期に、雛を狙って高山帯に上がってくるようになりました。現在では、ライチョウの雛の主要な捕食者となっています。

同様に、最近になってライチョウの捕食者となったのは、ハヤブサです。この鳥は、おもに海岸の崖に営巣していたのですが、最近は内陸部に進出し、数を増やしている猛禽です。2010（平成22）年5月の早朝、位ケ原《くらいがはら》山荘のすぐ近くの路上で、ハヤブサがライチョウを食べているのに遭遇しました。捕食されたのは、そこから2・2km離れた大黒岳で繁殖していた雄であることが、足輪からわかりました。捕獲した現場で羽をむしり、頭部などを食べて軽くし、ここまで運んできたのです。

同じ年の5月、ハヤブサがライチョウを捕獲するのを目の前で目撃しました。乗鞍岳で雄ライチョウを観察していた時のことです。その雄が突然飛び立った次の瞬間、ジェット機のような羽音が耳元でしました。ハヤブサは、人の背後から、人に隠れて雄を襲い、空中で雄を蹴落としたのです。。雄は人が近くにいることで、ハヤブサの接近に気づくのに一瞬遅れたのです。調査中にハヤブサは、時々

カラスによるライチョウの卵の捕食

見かけますので、現在ライチョウの捕食者となっていることは、間違いありません。

増えたライチョウの捕食者

本来、日本のライチョウの本来の捕食者であったのは、オコジョ、それにイヌワシ、クマタカといった大型の猛禽類《もうきんるい》だけでした。オコジョは卵と雛を、大型猛禽は成鳥を捕食していました。それが、下界からさまざまな捕食者が高山帯に上がってきて、ライチョウを捕食するようになったのです。ニホンザルもライチョウを捕食するようになりました。また、ハシブトガラスがライチョウの巣から卵を捕食する様子が、２０１６（平成28）年に乗鞍岳で写真撮影されました。明らかに、以前に比べるとライチョウの捕食者が増えています。

捕食者がこのように増えたら、ライチョウはどうなるのでしょうか？　この問題は、それぞれの山でライチョウがどのくらい生まれ、育っているかを調査することで解明することができます。

第5部 どれだけ生まれ、どれだけ育つのか？

産む卵の数

ライチョウの一生を追う

ライチョウの餌の季節変化を研究した小林篤君は、さらにライチョウの研究を続けるため、私のいる信州大学教育学部の大学院修士課程に進学しました。２０１０（平成22）年4月のことです。彼は、そこで修士課程から博士課程にいたる壮大な研究テーマに挑戦することになりました。そのテーマとは、ライチョウが生息する世界最南端の地である日本の高山でどのように生き抜いてきたかを、どれだけ生まれ、どれだけ死ぬのかという側面から理解することでした。言い換えれば、ライチョウの一生をテーマに、それぞれの個体が、卵をいくつ産み、どれだけ子どもを残し、いつ死亡したかに関するデータを蓄積することで、ライチョウの一生そのものが日本の高山環境にいかにうまく適応してきたかを解明することです。専門的な言葉で言うと、日本のライチョウの「生活史戦略」の解明です。

しかし、この生活史戦略の解明は、長い時間と大変労力のかかる研究です。50歳を過ぎライチョウの研究を再開した私が、乗鞍岳のすべてのライチョウを捕獲し、足輪をつけて個体識別し、最終的に解明しようとしていたのが、まさにこの研究テーマでした。修士課程に進学した彼は、私が学生とともに２００１年から始めた乗鞍岳でのライチョウの標識調査を引き継ぐことになりました。

表3　ライチョウの一腹卵数の地理的変異

山岳集団	一腹卵数								巣数合計	平均一腹卵数
	2	3	4	5	6	7	8	9		
火打・焼山	0	0	0	1	11	4	2	0	18	6.39
北アルプス北部	0	1	3	8	33	13	2	0	60	6.00
北アルプス南部	0	0	0	5	5	2	1	0	13	5.92
乗鞍岳	0	1	7	23	35	22	1	0	89	5.82
御嶽山	0	0	1	19	9	6	0	0	35	5.52
南アルプス	0	0	6	11	6	3	0	0	26	5.23
計	0	2	17	67	99	50	6	0	241	5.81

ライチョウの産卵数

ライチョウの一生は、卵から始まります。乗鞍岳では、2006（平成18）年から2013年までに計91巣が発見され、そのうち2巣を除いた89巣で卵数が確認されました。1つの巣に産まれた卵の数のことを「一腹《ひとはら》卵数」と言います。もっとも少ない一腹卵数は3卵、もっとも多いのは8卵で、平均は5・82卵でした（表3）。6卵がもっとも多く、次いで5卵、7卵の順で、もっとも少ない3卵と逆にもっとも多い8卵は、いずれも1例でした。

では、この一腹卵数は、他の山でも同じなのでしょうか？同じく2013年までに北の火打・焼山から分布南端の南アルプスまで、各山岳で発見された一腹卵数を比較してみました（表3）。驚いたことに、北で繁殖する集団ほど一腹卵数が多く、南の集団ほど少ないという傾向がありました。

最北の火打・焼山集団では、平均一腹卵数が6・39ともっとも多く、逆にもっとも南の南アルプスの集団では5・23ともっとも少なく、両者には1卵以上の差がありました。また、日本でもっとも多い一腹卵数は８卵ですが、８卵の割合は北端の火打・焼山で11・１％ともっとも多く、その南の北アルプスでの平均は４・１％、その南の乗鞍岳では１・１％と減少し、さらにその南の御嶽山と南アルプスでは、今のところ８卵は見つかっていません。さらに、ライチョウ分布のほぼ真ん中に位置する乗鞍岳の一腹卵数の平均５・８２卵は、日本全体の平均の５・８１卵とほぼ同じであることがわかりました。

日本のライチョウが産む卵の数は、世界最少

次に、日本のライチョウ（北緯35—36度）の一腹《ひとはら》卵数を外国のライチョウと比較してみました。日本から北に遠く離れた極地周辺のツンドラ環境に生息するアイスランドのライチョウ（北緯63—66度）やカナダの集団（北緯68・５度）の平均一腹卵数は、それぞれ10・８卵、８・７卵で、日本に比べてかなり多いことがわかります。また、世界でもっとも北で繁殖するスバールバルライチョウ（北緯78度）でも、平均一腹卵数は７・６卵で、日本に比べ２卵近く多くの卵を産みます。

一方、日本の集団と同様に南方の高山に棲むヨーロッパアルプス（北緯47度）とピレネー山脈（北緯43度）のライチョウでは、それぞれ６・３卵、５・９卵で、日本の集団に近い卵数ですが、わずかに日本のライチョウよりも多かったのです。すなわち、日本のライチョウの一腹卵数（５・８１卵）は、世界でもっとも少ないことがわかったのです。さらに言えば、日本の中でもっとも南に分布し、かつ世界最南端の繁殖集団である南アルプスの一腹卵数（５・２３卵）は、世界最少であることがわかり

ました。

このことは、いったい何を意味しているのでしょうか？

考えられることは、これらの日本国内と外国のライチョウの一腹卵数の違いは、それぞれの地域の生息環境の違いを反映したものではないかということです。はたして、ライチョウが産む卵の数には、意味があるのでしょうか？ あるとしたら、どんな意味を持っているのでしょうか？

これらの疑問に答えるには、さらに生まれた卵がどれだけ孵化《ふか》し、生まれた雛がどれだけ育つのかを見ていく必要がありそうです。卵から出発し、ライチョウの一生のさらにその先を見てみたいと思います。ですが、その前に、卵や雛の生存に関するデータがどのようにして得られたかを知っていただくのが、この先の理解に役立つでしょう。

2章

雛はどれだけ育つのか?

困難を極めたライチョウの巣探し

ライチョウの産卵数や生まれた卵の孵化《ふか》率、孵化した雛のその後の生存率を明らかにするには、巣をできるだけ多く発見することが不可欠です。巣を発見し、その後の経過を見守る必要があるからです。しかし、ライチョウの巣を発見するのは、簡単なことではありません。巣は背の低いハイマツの中につくられ、外から見えません。日本の高山には、営巣可能なハイマツはいくらでもあります。他の鳥では、親鳥が巣に巣材を運ぶ行動を観察し、巣を発見することができます。ライチョウは、それができないのです。巣材は、ハイマツの下で、巣から1mほどの範囲から集められるので、雌が巣材を巣に運ぶ姿を外から観察できないのです。

ライチョウの巣を発見する方法は、1つだけありました。抱卵中の雌は、1日に2回ほど餌を食べに巣から出ます。採食を終えた雌が巣に戻るのを追跡し、巣を発見する方法です。見つけた雌が抱卵中かどうかは、餌をついばむ速さから判断できます。1分間のついばみ回数が100回以上なら抱卵中の雌と判断できることが、羽田先生のころから知られていました。しかし、餌を食べに巣から出た雌に出合うチャンスは、そう多くはありません。そのため1年間に発見できる巣の数は、これまでは1巣か2巣でした。

外国では、訓練された猟犬を使い、巣を発見することもしています。猟犬が抱卵中の雌の匂いを嗅ぎつけ、巣の場所を教えてくれます。ライチョウが狩猟対象になっている外国では、犬を使って巣探しすることに、何の抵抗もないのです。しかし、ライチョウが神の鳥である日本ではそうはいきません。ライチョウの棲む場所のほとんどに、国立公園の特別保護地域です。研究のためといえども、そこに犬を入れること自体、許されません。

どうしたら効率よく巣を発見できるのか？　最初に試みたのは、いくつものなわばりを見渡せる場所に座り、雌が出てくるのをひたすら待つ方法でした。しかし、雌が巣から出る時刻は、天候に左右され、決まった時間に出てくるわけではありません。まだ残雪のある寒い山の上で、いつ出てくるかわからない雌をひたすら待つのは、つらいものがあります。それでも、よく晴れた日には早朝に出る確率が高いことから、まだ暗いうちに山小屋を出て夜明けに山の上で待つことで、いくつかの巣を発見できました。しかし、これも効率のよい方法ではありません。

もう1つ試みたのは、産卵の時期に雌が観察された場所の近くに巣があることが多いので、その場所付近のハイマツを端から竹の棒で叩いて、雌を巣から飛び立たせて発見する方法です。研究室の学生にも手伝ってもらい、この方法によってもいくつかの巣を発見できました。しかし、なわばりのある範囲全域のハイマツを叩き回っても巣が見つからず、途方に暮れたことも何回かありました。こういった涙ぐましい努力で、年間に10巣以上を発見できるまでになりました。

巣を発見したあとは、手分けして定期的に見回り、雌が無事抱卵を続けているか、雛が孵化したか

オコジョに食べられ丸い穴があけられたライチョウの卵

を確認します。雌が抱卵していなかったら、雛が無事孵化したのかを確認します。無事孵化したら、2つに割れた卵がいくつも巣に残されています。未授精卵や抱卵の途中で死亡した卵は、巣にそのまま残されています。

孵化が確認されたら、近くを探し、家族を見つけ、連れている雛数と、雛の大きさと行動からおよその孵化日を推定します。卵の殻が巣に残っていなかったら、捕食されたのです。その場合には、注意深く巣のまわりを見て回り、食べられた卵の殻が落ちていないか探します。オコジョに捕獲された場合は、丸い大きな穴があけられた卵が、巣の近く落ちています。卵に穴をあけ、中身を食べたのです。キツネやテンの場合は、殻ごと食べるので、殻は巣のまわりに落ちていません。

2005（平成17）年から2013年の9年間に発見した計91巣は、それまでの常識からは驚異的な数です。小林君は途中からこの困難な巣探しに参加しましたが、ついばみの早い抱卵中の雌をやっと見つけても、霧に視界をさえぎられ、巣に飛んで戻る姿を途中で見失い、巣を発見できなかったことも何度かありました。１日探し回っても巣が見つからなかったことが何日もあり、彼が１人でまとまった数の巣をシーズン中に見つけられるようになるには、数年かかりました。

毎年10程度の巣を見つけることができない限り、小林君の研究は博士論文としてまとめることはできないだろうと私は考えていました。乗鞍岳の厳しい自然の中で巣探しに頑張る小林君を見て、私にできる限りのサポートすることにしました。

卵の高い生存率

では次に、こうして集められたデータから、卵が孵化《ふか》し、生まれた雛がその後成長し、親元を離れて独立するまでに生き残る割合を見てみましょう。

日本のライチョウは、６月中旬から下旬に抱卵を開始し、23日間の抱卵のあとに、７月上旬から中旬に孵化します。孵化した雛は、翌日には雌親に連れられて巣を離れ、以後巣に戻ってくることはありません。

乗鞍岳で発見した巣のその後の観察から、７割以上（73・３％）の巣で卵が無事に孵化していましたが、残りの巣では孵化する前に卵が捕食されていました。また、生まれた卵あたりで見ると、孵化に成功した巣であっても、産卵された卵のうち９・７％は、孵化せず、そのまま巣に残されていました。これに捕食された卵も含めると、卵１個あたりの孵化成功率は０・６０２、つまり生まれた卵の60・２％が無事に孵化したことがわかりました。

乗鞍岳以外では、北アルプスの立山で孵化成功率が明らかにされています。それによると、1卵でも孵化できた巣の割合は75％で、乗鞍岳の集団とほぼ同じでした。一方、海外の集団では、標高の低いツンドラ環境に生息するカナダの集団では50％、スバールバル諸島の集団では44～48％、分布南部の高山に生息するピレネー山脈の集団とアルプスのフランス領の集団では、それぞれ68％、40％でした。このことから、日本で孵化に成功した巣の割合が73％以上というのは、外国の集団に比べ高いことがわかりました。

日本と外国でのこの違いは、営巣環境が異なることに起因しているようです。日本では、巣はほとんどが背の低いハイマツの下につくられます。ですので、巣の発見は困難を極めます。それに対し、ハイマツがない外国では、巣はまばらに生えた草地、岩の間、コケで覆われた地面など、巣を覆うものが少ないか何もない場所につくられることが多いのです。そのため、捕食者に巣が発見され、卵が捕食されやすいのです。日本の高山に棲むライチョウにとって、ハイマツの存在がいかに重要であるかが、この点からもわかります。

低い雛の生存率

孵化《ふか》以後の雛の生存率は、雌親が何羽の雛を連れていたかにより明らかにできます。日本のライチョウは、人を恐れないため、雛を連れた家族のすぐ近くまで行き、雛の数を正確に数えることができます。それに対し、人を恐れる海外のライチョウでは、人が近づくと雌親が警戒の声を発し、雛が散り散りになってしまうため、正確な雛数を数えることが困難な集団が多くあります。ですから、雛連れの家族に近づき雛数を正確につかみ、雛の成長にともなう雛数の変化を継続的に観察できるのは、日本のライチョウだけなのです。

孵化したばかりのよちよち歩きの雛を5羽、6羽も連れている家族の姿は、とてもほほえましいのですが、観察を続けているうちに雛の数は急激に減ってゆきます。6羽いた雛が、翌日には1羽になっていることがよくありました。２００８（平成20）年から２０１２年の5年間にわたる追跡調査から雛の生存率を推定してみると、孵化から1か月間の生存率が特に低く、7月中旬から8月中旬までの1か月間の平均生存率は45・6％でした。つまり、孵化した雛の半数以上が孵化後1か月間で死亡していたのです。一方で、孵化して1か月以降になると雛は死ぬことが少なくなり、生存率は比較的安定することもわかりました。

5年間の調査から、7月上旬に孵化した雛のうち、親から独立する9月末の約3か月後まで生き残った雛の割合は、23・9％（平均生存率０・２３９）にすぎないことがわかりました。孵化した雛のうち4分の1しか生き残れないのです。これは、たとえ6羽の雛が無事孵化したとしても、生き残ることができるのは、そのうちの1羽か2羽にすぎないことを意味しています。

雛は、孵化2か月後の9月に入るころには体重が３００gを超え、捕獲して足輪を装着することが可能になります。その後10月には、体重がほぼ親と同じ４５０gほどになり、親から独立する時期を迎えます。そのため、9月から10月は、その年に生まれた雛を捕獲し、足輪を装着する重要な時期です。独立し、雛が若鳥となったあとでは、だれの雛かがわからなくなるからです。

では、海外のライチョウの孵化後の生存率は、どうなのでしょうか？ 海外の集団では、雛数を数えるだけでも大変な集団が多く、日本のように雛の成長にともなう生存率を継続調査した研究はありません。しかし、特定の時期や期間に限っての調査結果ならあります。カナダのライチョウでは、孵化から3週齢までの生存率は0・75ですが、同時期の日本の集団では0・58でした。また、孵化から5～6週齢までの生存率は、アイスランドの集団では0・74に対し、日本の集団では0・46でした。これらの結果を見ると、緯度の高いツンドラ環境に生息しているアイスランドやカナダの集団では、一腹《ひとはら》卵数が多いだけでなく、雛の生存率も高いことがわかります。一方、ヨーロッパの高山に生息するライチョウでは、一腹卵数が少ないだけでなく、5～6週齢における雛の生存率も0・54と日本よりは高いのですが、アイスランドなどに比べれば低かったのです。日本のライチョウの雛の生存率は、世界でもっとも低いことがわかりました。

若鳥の冬の生存率

親から独立した若鳥は、翌年の繁殖期にかけ、生まれた場所から分散する時期を迎えます。親から独立した若鳥のうち、どれだけの個体が翌年まで生き残り繁殖に参加できるかは、重要な点です。乗鞍岳のライチョウは、この分散時期であっても乗鞍岳の外に出ない隔離集団です。ですので、生まれた年の秋に標識した若鳥がどれだけ翌年の繁殖開始まで生き残っているかを、標識調査により明らかにすることができました。

親元から独立したあとの若鳥の生存率は、独立前の雛の時期と比べ高いことがわかりました。まず、10月に独立してから越冬地へ移動するまでの2か月間の生存率は0・829、さらに越冬地に移動した12月から翌年4月の繁殖期までの5か月間の生存率は0・952と非常に高く、冬期にはほとんど死なないことがわかりました。

海外のライチョウでは、若鳥の生存率を直接推定した研究はありません。海外では、乗鞍岳のように隔離された生息地での研究がないからです。ただし、ライチョウと近縁であるヌマライチョウ、その成鳥の冬期間の生存率は、日本のライチョウ同様に高いことがわかっています。この事実から、われわれ人間にとっては想像を絶する極地域や高山の厳しい冬も、ライチョウにとっては問題ではなく、むしろ安全に暮らせる季節であることがわかりました。

以上、孵化《ふか》したライチョウの雛が翌年の繁殖期までどのくらい生き残るのかを、海外のライチョウの値と比較しながら見てきました。

次は、卵の生存率から始まり、卵の孵化率、孵化した雛の独立までの生存率、独立してから翌年の繁殖期までの生存率をつなぎ合わせるとどうなるのでしょうか？

1個の卵が無事に孵化し、1歳の繁殖期を迎えることができる確率は0・115でした。つまり、生まれた卵の1割ほどにすぎないことがわかりました。

では、この点は、外国のライチョウではどうでしょうか？ 残念なことに、海外の研究では、前述

ダケカンバの根元で休息する４羽の雄ライチョウ

のように雛の生存率は限られた期間のデータしかなく、その推定時期もまちまちで、雛の時期を通した比較できる研究はありませんでした。若鳥の生存率についても、乗鞍岳のように隔離された集団での研究がないので、明らかにされた研究はありませんでした。

日本のライチョウは、これまでに述べたように、卵の生存率は高いのですが、雛の生存率、特に孵化後1か月間の生存率は低いため、翌年の繁殖に参加できる若鳥の数は、海外の集団に比べて少ないものと推測されます。

3章

成鳥になってからの生存率

1歳か2歳以上かを区別可能な黒いしみのある幼鳥羽（上から2枚目）

1歳以後の成鳥の生存率

ライチョウは、雌雄ともに1歳で繁殖が可能となり、成鳥となります。1歳の個体は、最初の繁殖期を迎えたあとの秋の時期までは、捕獲すればまだ翼の風切り羽の一部が幼鳥羽のままなので、それにより1歳であることがわかります。しかし、その幼鳥羽も成鳥羽に換羽《かんう》を終えた秋以降は、捕まえても1歳なのか、2歳以上なのかは区別できなくなります。ですので、1歳の秋までに捕獲し、標識することがライチョウの個体群調査では大変重要になります。

次は、1歳で大人となった成鳥のその後の生存率について、標識個体のその後の追跡調査から明らかになったことを見てみます。乗鞍岳で標識調査を開始した2001（平成13）年以降、2014年までに標識した個体は、909個体となりました。そのうち、1歳となって以降の生存が一度でも確認された個体は、雄412個体、雌305個体でした。

この結果をもとに、初めて繁殖した1歳個体と、2歳以上の個体の2つに分け、さらに雌雄別に合計4つのグループに分け、成鳥の年間生存率を求めました。雄の1歳と2歳以上の個体の平均年間生存率は、それぞれ0・743、0・698でした。それに対し、雌の1歳と2歳以上の個体の生存率は、それぞれ0・703、0・667でした。同じ年齢グループでは、どちらも雄のほうが雌より生存率は高い結果となりました。また、同じ性別で年齢による生存率を比べた場合は、どちらも1歳の個体のほうが2歳以上の個体より高いことがわかりました。

では、なぜ、雌よりも雄のほうが生存率は高いのでしょうか。この問題については、死亡原因について検討したのちに改めて考えます。

日本のライチョウの高い成鳥の生存率

では、次に乗鞍岳のライチョウで算出された生存率の値を、海外の集団のものと比較してみましょう。平均一腹《ひとはら》卵数が10・8卵と日本の集団に比べかなり多かったアイスランドでは、86年間にわたる長期調査を実施しており、成鳥(雌雄含む)の20年ごとにまとめた平均年生存率は0・16~0・24と、日本のライチョウに比べてかなり低いことがわかります。また、一腹卵数が8・7卵のカナダの集団では、2年間の調査から、年間の生存率は雄では0・50、雌では0・39でした。一腹卵数が7・6卵の最北のスバールバル集団でも、6年間にわたる調査結果は、年間の生存率は雄で0・50、雌で0・45でした。北方のツンドラに生息する集団では、いずれも日本の集団に比べ、低いという結果でした。

一方、ヨーロッパアルプスやピレネー山脈の集団では、日本のライチョウと一腹卵数が近かったのと同様に、雌の成鳥の年平均生存率は、それぞれ1歳で0・61、2歳以上の成鳥で0・70と、日本と同程度の結果でした。

成鳥の年間生存率が、日本を含む南限の高山に生息するライチョウのほうが、北方のツンドラに生息する集団より高い理由についても、捕食者についてふれたあとで考察します。

ライチョウの寿命

成鳥になってからの年間の生存率は、雌雄それぞれ6割後半から7割前半でしたが、野生下ではどれほど長く生きることができるのでしょうか。これまでにもっとも長生きした個体は、雄も雌も捕獲し標識した時に2歳以上と判定された成鳥で、雄では2個体が11歳以上、雌では2個体が9歳以上まで生きたことが確認されました。

一方、0歳未満の若鳥時または1歳の時に標識された個体では、雄が10歳、雌の9歳がもっとも長生きした個体でした。どちらも、雄よりもやや雌のほうが短命という結果でした。このことは、年間の生存率が、雌より雄のほうが高いことと一致します。これらの結果は、日本のライチョウは孵化《ふか》してから翌年の繁殖に参加できるまで生きる個体はわずかしかいない一方で、一度大人になってしまえば、9歳から11歳以上まで長生きする個体がいることを意味しています。

最後にライチョウの一生を、生まれた卵から最後の個体が死ぬまでの数の変化を通して見てみます。これまでの検討から、１０００個の卵が生まれた場合に、雛、若鳥、成鳥へと進むにつれて生き残る数を推定できました（図７）。この曲線は、生存曲線と呼ばれているものです。１０００個の卵のうち、孵化にいたるのは６０２で、その後親から独立する10月まで生き残るのは１４４羽、年を越して１歳まで生き残れるのは１１５羽と推定されました。

さらに１歳以後、２歳まで生き残るのは、雄が85羽、雌が81羽で、雌雄でわずかに差が見られるようになり、その差は年齢とともに広がっています。１歳となった繁殖個体の平均余命を推定すると、雄は２・６年だったのに対し、雌は２・３年でした。もっとも長生きした個体は、雄で11歳、雌では10歳ほどですが、そこまで生きる個体はごくわずかにすぎないことがわかります。

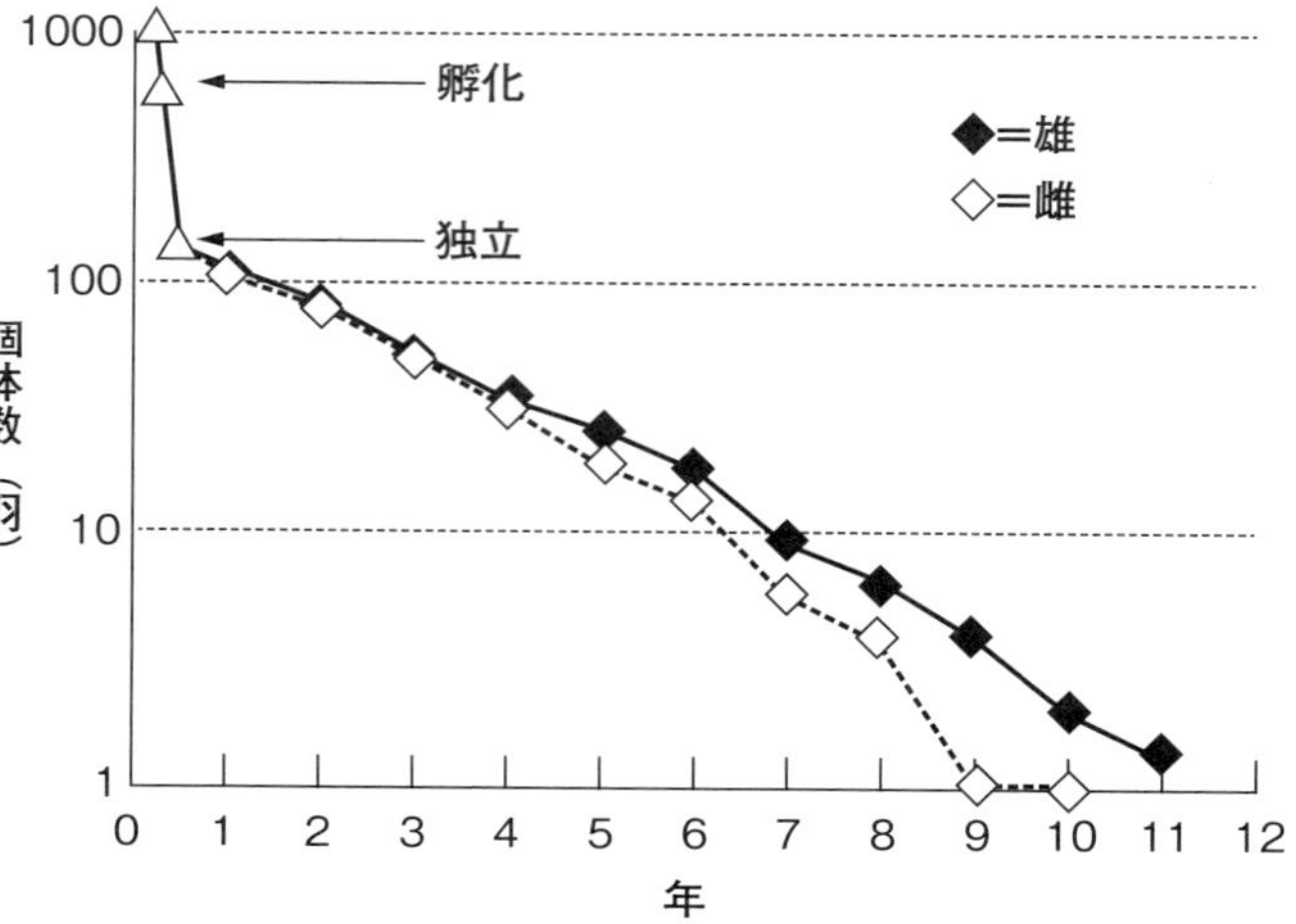

図７　ライチョウの生存曲線

乗鞍岳の集団は安定しているのか？

では、これだけの雛の生産と、成鳥の生存率で、乗鞍岳のライチョウ集団は、安定的に維持できているのでしょうか。２００１（平成13）年以前に実施された調査も含めた乗鞍岳におけるなわばり数

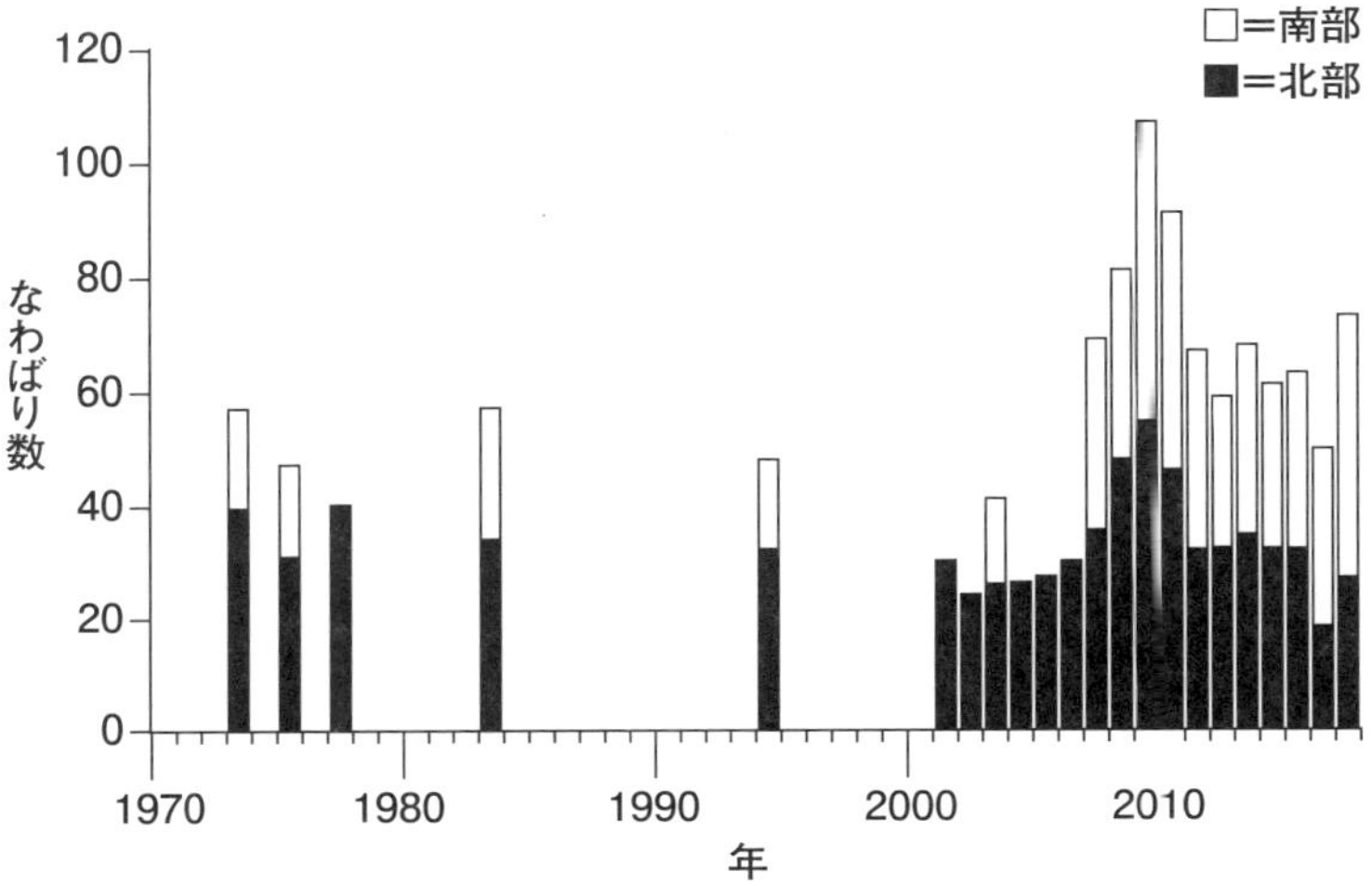

図８　乗鞍岳でのなわばり数の推移

の経年変化を示しました（図８）。岐阜県ライチョウ研究会による１９７３（昭和48）年と１９８３年の調査では、ともに57なわばりで、それ以外の３回の調査を含めても、１９９５年以前のなわばり数は50～60とほぼ安定していました。

その後、２００１年から毎年始まった２００６年までの調査では、全山の調査を実施した２００３年を除いて、乗鞍岳北部地域でしか調査が実施されていませんが、それ以前の調査に比べやや少ない傾向にありました。しかし、その後２００７年から２００９年には３年間連続で増加し、２００９年には１０７なわばりと過去最高となりました。

その後は減少に転じ、２０１８年は１９９５年以前とほぼ同じ60なわばり前後に安定しています。この結果から、乗鞍岳の集団はこの50年間安定していると見ることができるでしょうか。

乗鞍岳のように、外から入ってくる個体がなく、また外に出てゆく個体もない隔離集団の場合には、集団の数は、生まれてくる個体と死ぬ個体のバランスで決まります。つまり、生まれてくるよりも死ぬ個体の数が多かったら、その集団は減少し、逆に生まれてくるほうが死ぬ個体の数よりも多かったら、集団は増加します。この両者のバランスを数値で示したものが、「内的自然増加率」です。その値が１・０以上なら、その集団は将来増加してゆく傾向にあり、逆に１・０以下であったならば減少していく傾向にあることを示しています。ですので、この値は、集団の健全度を端的に示す指標なのです。

まとまった数の巣を発見できるようになった２００６年から、２０１２年までの７年間のデータから推定された雛の生産と、成鳥の生存率から計算された乗鞍岳個体群の内的自然増加率は、１・０３と推定されました。ほぼ１・０に近いことから、乗鞍岳の集団はほぼ安定した集団であり、これまで明らかにしてきた卵から成鳥までの生存率であったら、今後も集団を安定的に維持していくことが可能であることがわかりました。

乗鞍岳でのこれまでの検討から、日本のライチョウは、孵化《ふか》後１か月間の死亡率が、外国のライチョウに比べ高いということがわかりました。では、なぜ日本の集団は世界でもっとも一腹《ひとはら》卵数が少なく、雛の生存率が低いにもかかわらず、成鳥の生存率は高く、長生きなのでしょうか。この問題を次に考えるにあたり、今度は生きるとは反対の側面であるライチョウがどのような原因でいつ死ぬのかについて検討してみます。

4章　死亡原因とライチョウの捕食者

卵の捕食者

乗鞍岳で大変な思いをして多数の巣を発見したことで、繁殖した巣のうち73・3％の巣で卵を無事に孵化《ふか》させたことがわかりました。また、産卵した卵のうち60・2％の卵が無事に孵化したことがわかりました。では、卵の孵化に失敗した原因は何だったのでしょうか？　発見した巣のその後の調査から、9・7％の卵は孵化せず巣に残されていましたので、無精卵であったか、発生の途中で死亡し孵化できなかった卵であることがわかりました。

では、孵化しなかった残りの卵はどうしたのでしょうか。一腹《ひとはら》卵数を確認した89巣のうち24巣（27・0％）は、捕食によるものでした。さらに、これら捕食された24巣について、卵のなくなり方や巣のまわりに残された痕跡から、16巣はキツネまたはテンによる捕食、6巣ではオコジョによる捕食、1巣はカラスによる捕食でした。不明であった1巣を除くと、捕食された巣の74％は、かつては高山にはいなかった下界から上がってきた捕食者によるものであることがわかりました。

孵化《ふか》後1か月間の雛の死亡要因

日本のライチョウの一生を通してみた時、雛の生存率、特に孵化してから1か月間の生存率が特に

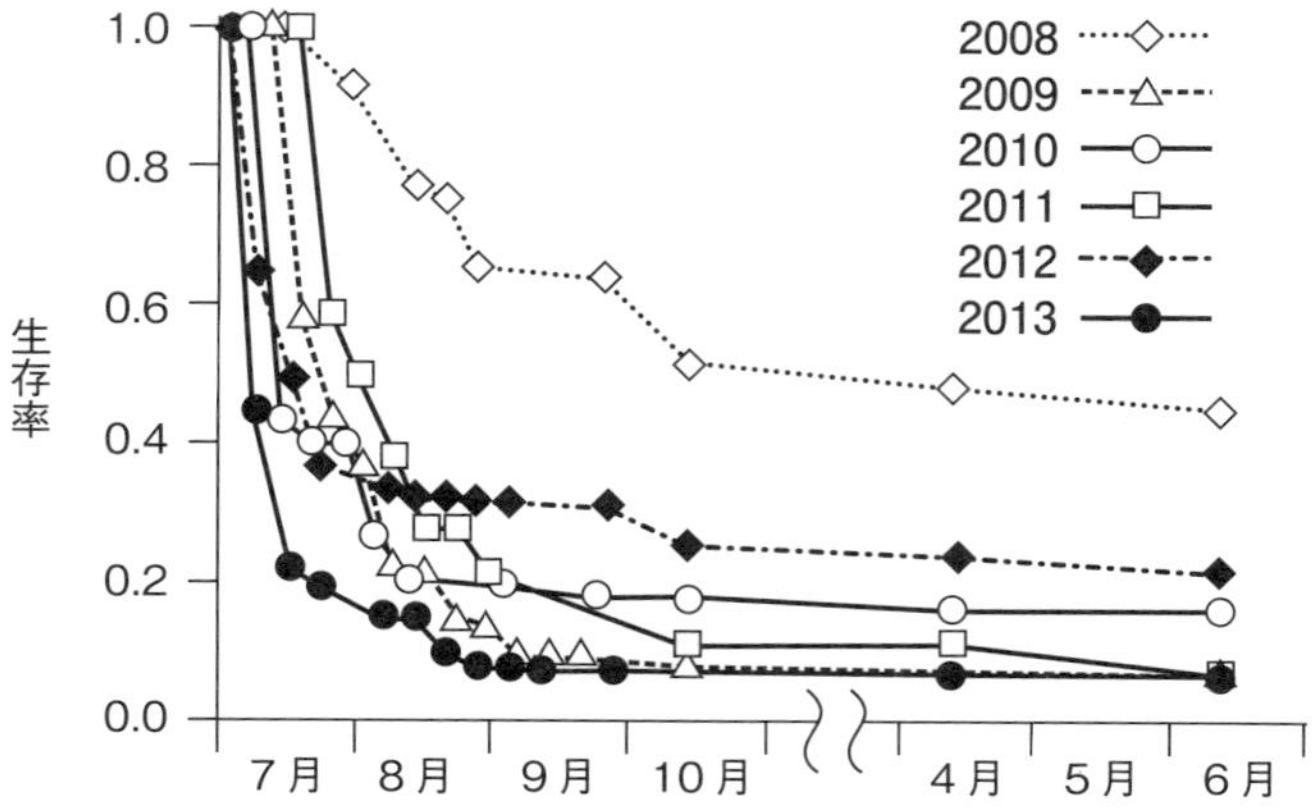

図９　孵化後の雛の生存率の年比較

低いことはすでにお話ししました。ではなぜ、日本のライチョウでは、孵化直後の1か月間の生存率が低い、つまり死亡率が高いのでしょうか。その原因を明らかにするため、乗鞍岳での２００８（平成20）年から２０１３年までの6年間にわたる調査で得た、各年の孵化後の雛の減少の様子を詳しく見てみました（図9）。

雛は、どの年も7月上旬から中旬に孵化しますが、孵化後急激に数が減少し、1か月後の8月中旬には、孵化した雛の２割から３割となっています。しかし、そうなっているのは、２００９年から２０１２年の5年間で、２００８年はそうなっていませんでした。２００８年には、孵化後1か月時点での生存率は０・７７９でした。さらに、雛が親から独立する孵化後約3か月の9月末時点での雛の生存率は、０・６４８と大変高かったのです。なぜ、２００８年だけは、このように雛の生存率はよかったのでしょうか。

雛が孵化する7月上旬から中旬は、日本では梅雨の時期にあたります。２００８年は、例年になく梅雨が早く明けた年でした。そのことから、２００８年とそれ以外の年では7月の天候の違いが雛の生存率に関係しているのではないかと考えました。われわれが調査している乗鞍岳のほぼ中心にあたる標高２７７０ｍの高山帯に、東京大学の宇宙線観測所があります。ここでは、雨量の他、気温、湿度、天候などの気象情報の記録を毎日とっています。この研究所が公表している気象データを利用させていただき、この6年間の7月から9月の気象記録と雛の生存率の関係を検討してみました。

孵《ふ》化《か》時期の降雨量と雛の死亡率の関係

乗鞍岳での7月から9月の毎日の雨量と、ほぼ1週間ごとの雛の生存率の関係を見てみました（図10）。予想していたとおり、２００８（平成20）年は梅雨が早く明けたため、7月の雨量が少なく、雛が孵化した7月の第2週の合計雨量は37・０㎜でした。また、8月に入っても雨が少ない年で、１日に60㎜以上の雨が降った日はありませんでした。

それに対し、翌年の２００９年は、雛が生まれた直後の週に合計で１７１㎜の雨があり、雛の生存率は孵化後の1週間で０・５８６まで大きく減少していました。この年は2週目以降も３００㎜近い雨が続き、孵化後1か月後の生存率は０・３６７、さらには雛が独立を始める9月末には０・０９６まで減少しました。前年とは、雛の生存率は大きく違っていました。

２０１０年は、7月12日に２０４・２㎜の雨が降り、翌週には雛の生存率は０・４３３に急減しました。２０１１年は、孵化後1週目は雨がほとんど降らなかったため生存率は１・０００のままでしたが、翌週には合計２４６㎜と大雨が降ったため、生存率は０・５９０まで減少しました。

さらに２０１３年には、孵化直後に5日間連続の降雨があり、その後5日間降雨のない日が続いた

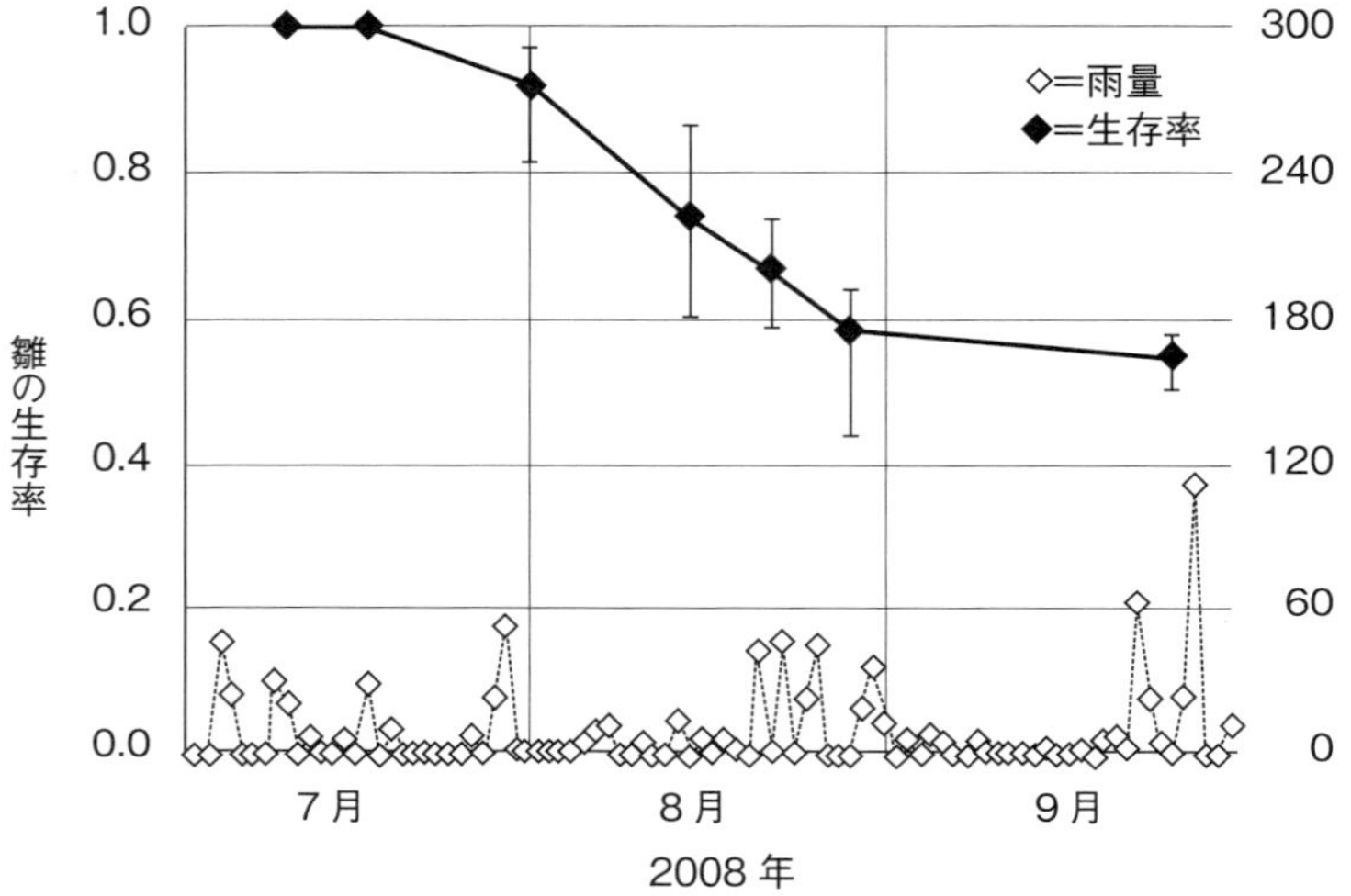

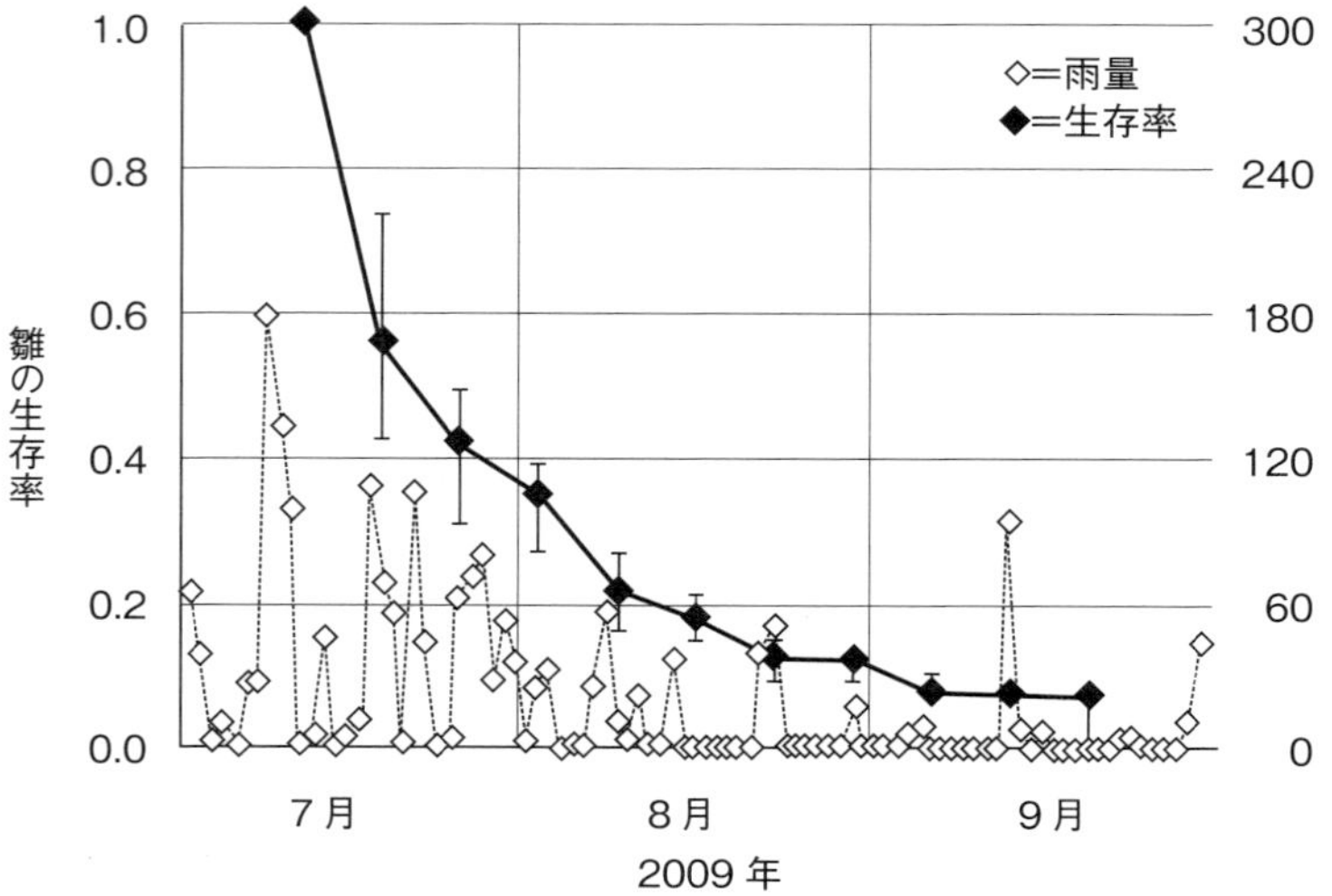

図10　乗鞍岳の毎日の雨量と雛の生存率の関係

あと、再び５日間ほど連続の降雨がありました。この２回にわたる連続した降雨が、調査した６年間ではもっとも急激な雛数の減少をもたらしました。これらの結果から、孵化後の時期の降雨により、雛の生存率は大きく影響されていることがわかります。

　ではなぜ、孵化直後の雛は、これほどに雨の影響を受けるのでしょうか。孵化して間もないライチョウの雛は、体温調節能力が低く、まだ自分では体温維持ができないからです。天候が悪く雨の降る日は、気温が低く体が冷えやすいうえに、雨で体が濡れ、さらに風が強い場合には、雛の体温低下に拍車をかけます。ですので、天候の悪い日は、雛は絶えず雌親の腹の下にもぐり、体を温めてもらうことで体温を維持することになります。母親の腹の下での抱雛《ほうすう》時間が長くなると、雛は餌を食べる時間がその分減るという悪循環に陥り、死亡しやすくなると考えられるのです。ですので、天候の悪い日が数日間続くと、孵化したばかりの雛には致命的となります。

　しかし、雛は生まれて１か月もたてば自分自身で体温維持ができるようになり、抱雛の頻度と時間は少なくなります。ここまで無事に生き残ることができれば、天候が雛の生存に影響することはほとんどなくなります。そのことは、２０１０年８月の例が端的に示しています。この年の８月中旬には、数日間雨の日が続き、多い日には１６０㎜を超える降雨がありましたが、雛の生存率はほんのわずか低下したのみでした。また、２０１１年９月には、１日に３００㎜の降雨がありましたが、雛の生存にはまったく影響が出ませんでした。このように、７月末から８月以降に降った雨は、雛の生存にはほとんど影響を与えていなかったのです。このことは、雛の生存に天候が大きく影響するのは、体温調整能力が低い孵化から1か月間だったことを示唆しています。

梅雨に左右される雛の死亡率

梅雨は、日本特有の気象現象です。外国のライチョウ生息地では孵化《ふか》時期に雨は降ることは少なく、むしろ雨の少ない時期にあたります。例えば、緯度が高く、低標高のツンドラ環境であるカナダ中部やグリーンランド南部のライチョウ生息地における孵化後1か月間の雨量は40～60㎜程度です。それに対し、ヨーロッパの高山ではそれよりもやや多く、100㎜近くある山や、120㎜近くになる山もあります。それに対し、梅雨がある日本では、孵化後1か月間の乗鞍岳の雨量は、600㎜を超えていました。日本の高山は、世界のライチョウ生息地の中で圧倒的に降雨量が多いのです。さらに、高山における雨量は平地よりも年による変動が大きく、毎年の天候が予測できないのも特徴です。このことは、日本のライチョウは、孵化時期の降雨によって、雛の生存率が年により大きく左右され、そのことが翌年の繁殖個体数にも影響することを暗示しています。

実際、梅雨が早く明けた2008（平成20）年には、雛の生存率が著しく高い結果をもたらしただけでなく、翌2009年の繁殖個体数の増加を引き起こしました（P141・図8）。2009年の著しいライチョウのなわばり数の増加は、2006年から2008年まで3年間続いたライチョウの雛が孵化する7月の少雨によって引き起こされていました。しかし、その後2009年は、梅雨が長引いたことによる7月の孵化時期の多雨により、雛の生存率が低下し、翌2010年にはなわばり数は減少に転じています。日本のライチョウの産卵数は世界でもっとも少ないといえ、平均が5・81卵と多いことから、孵化後1か月間の雛の生存率がわずか高くなったことが、翌年の繁殖数の増加をもたらします。そのため、7月の降雨量と関係した雛の生存率がライチョウの数の変動を引き起こす大きな要因となっていることを示唆しています。

さらに、世界の最南端に分布を広げた日本のライチョウにとって、孵化時期が梅雨の時期と重なることは、他の地域のライチョウとは異なる選択圧がかかってきた可能性があることも暗示しています。

雛の捕食者

以上の検討結果から、日本特有の梅雨による悪天候が孵化《ふか》直後の雛の死亡要因であることがわかりました。さらに、雛のもう1つの重要な死亡要因は、捕食です。これまでに、オコジョ、テン、キツネ、さらにはニホンザルといった哺乳類の他、ハシブトガラス、チョウゲンボウといった鳥類がライチョウの雛を捕食するのが目撃されています。孵化したばかり雛は、飛ぶことができないので、捕食されやすいのです。目の前で、ライチョウの雛が捕食されるのを見たことがあります。雪渓に出て昆虫をついばんでいる孵化後1周間ほどの家族を観察していた時です。飛んできた1羽のハシブトガラスが急降下し、雛を1羽くちばしにくわえて飛び去りました。一瞬の出来事でした。チョウゲンボウも、最近ライチョウの雛の重要な捕食者となった猛禽《もうきん》です。

外国のライチョウに比べると、日本のライチョウでは、雛の時期の死亡率、特に孵化後1か月間の死亡率が高いのは、孵化時期が梅雨期と重なることによる悪天候とともに、日本の高山では捕食者が多いことによる捕食が原因であることが明らかになりました。

しかし、これら2つの要因が、それぞれ雛の成長とともにどの程度雛の死亡を引き起こしているかについては、両者を分けて数量的に捉えることはできませんでした。というのは、野外で死亡した雛の発見や捕食される現場を目撃することは、ほとんどないからです。ですが、この2つの要因が、孵化後の雛の死亡要因であることは間違いありません。

成鳥の死亡はどの季節に多いか

雛は、孵化《ふか》直後に急激に数が減りましたが、体温維持能力を獲得し、飛翔力がつくとともに生存率はよくなりました。その後、若鳥となって以後の秋から冬の生存率は高く、1歳となり成鳥となって以後は、雄も雌もほぼ一定の割合で減少するにとどまっていることがこれまでの解析からわかりました（P140・図7）。では次に、繁殖が可能な1歳以上の成鳥となってからの死亡要因は何でしょうか？

成鳥となってからも、同様に死亡する現場を直接目撃することはめったにありません。ですので、この問題を検討するにあたり、雌雄の一か月あたりの生存率の季節変化をまず見てみます（図11）。生存率が低く死亡率が高い月は、雌雄ともに4月、5月、6月の繁殖期で、5月が0・1ともっとも高いことがわかりました。なぜ、繁殖期のこの時期、雌雄ともに年間でもっとも死亡率が高いのでしょ

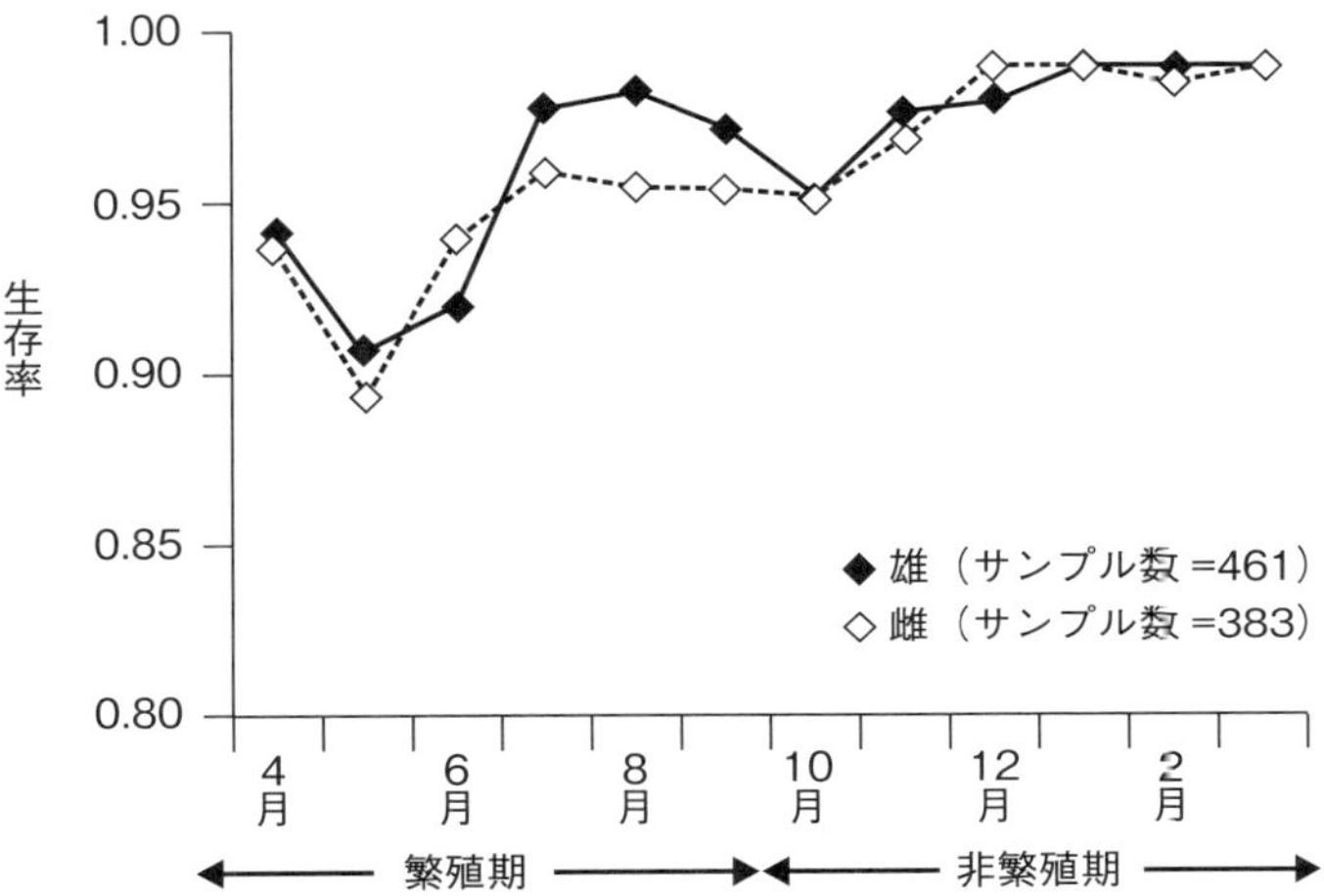

図11　2006年から2010年までの雌雄の平均生存率の季節変化

うか？

それに対し、雛が孵化する7月以降、翌年の3月までは、雌雄ともに月あたりの死亡率は0・05以下で、繁殖期に比べ死ぬことは少なくなっています。ただし、7月から9月の3か月間は、雄より雌の死亡率のほうが高くなっています。その後10月から翌年の3月までは、雌雄による死亡率には違いが見られなくなります。また、12月から3月までの冬の間は、若鳥と同様、成鳥も年間でもっとも死亡率が低くなっています。

こうした雌雄の死亡率の季節変化と両者の違いは、何を意味しているのでしょうか？

観察された猛禽類《もうきんるい》の季節変化

猛禽類は、ライチョウの成鳥を捕食します。観察された例数は少ないのですが、イヌワシやクマタカがライチョウを捕獲するのが観察されており、これら大型の猛禽がライチョウの重要な捕食者であることが以前から指摘されています。われわれもハヤブサが目の前でライチョウを襲うのを、また捕獲したライチョウを食べているのを目撃しました。では、ライチョウの死亡率の季節変化と高山帯で猛禽類が観察された頻度には、関係があるのでしょうか。

乗鞍岳でライチョウ調査中に観察された猛禽類の頻度とその季節変化を見てみました。２００７（平成19）年から２０１３年の7年間に乗鞍岳で調査を実施した日数の合計は、４５３日間でした。この間に観察された猛禽類は、計８種、合計１１３回でした。猛禽類が観察されたのは4月から10月で、冬にはまったく観察されませんでした。もっとも多く観察されたのはトビの40回で、次がチョウゲンボウの37回、次がハヤブサの13回の順でした。

ライチョウを襲わないトビを除くと、ライチョウの死亡率が高い4月から6月には、イヌワシ、クマタカ、ハヤブサ、ノスリといった大型の猛禽が比較的多く目撃されています。それに対し、雛が孵化《ふか》した7月から10月にかけては、チョウゲンボウとハイタカといったライチョウの雛を襲う小型の猛禽が多く観察されました。特に、チョウゲンボウは7月に16回、観察頻度は1日あたり０・２３回ともっとも多く、9月までの時期に集中的に観察されました。

この猛禽類の観察頻度から読み取れることは何でしょうか？まずは、4月から6月にライチョウの死亡率が高いのは、イヌワシ、クマタカ、ハヤブサ、ノスリといった大型の猛禽による捕食が原因である可能性が示唆されます。また、チョウゲンボウは、雛が孵化する7月から8月に集中して出現し、ライチョウの雛を捕食している可能性が示唆されます。さらには、11月から3月の冬の時期に成鳥の死亡率が低いのは、捕食者である猛禽が高山帯に上がってこないからなのかもしれません。

哺乳類によるライチョウの捕食

猛禽類《もうきんるい》以外で成鳥のライチョウを捕食するのは、哺乳類です。多くの哺乳類は夜行性ですので、哺乳類がライチョウを捕食する現場に遭遇することは、猛禽類以上にまれになります。ですが、哺乳類の中で特にキツネがライチョウの重要な捕食者であることは、ライチョウの羽の入ったキツネの糞がいくつも見つかっていることからわかっています。

もう1つ、成鳥のライチョウを捕食する動物を確認する手段があります。それは、調査中に時々見つかるライチョウの羽が多数散らばった捕食現場に残された羽などを詳しく調べることです。

ライチョウの新しい捕食跡は、乗鞍岳で計26か所で発見できました。見つかったのは、すべて4月から10月で、11月から3月の冬には見つかっていません。これは、冬にはライチョウの死亡率が低いことと一致しています。また、捕食跡は死亡率が高い4月から6月に多く見つかる点も一致していました。捕食していたのは、ほぼ半分が哺乳類、残り半分が猛禽類という結果でした。このことからも、キツネとテンといった哺乳類も重要な捕食者であることがわかります。さらに、雄の場合には4月から6月に多く捕食されていたのに対し、雌のほうは時期的に遅れ5月から9月の子育ての時期に多く見つかったのです。

これらの結果から、成鳥のライチョウを捕食しているのは大型猛禽類とともにこれらの哺乳類であることがわかりました。厳しい冬の高山で暮らすライチョウにとって、当初は冬の時期にもっとも死亡率が高いと予想していたのですが、彼らにとって冬は、天敵の猛禽類だけでなく哺乳類も上がってこない、もっとも暮らしやすい季節だったのです。

では、外国のライチョウではどうなのでしょうか。アイスランドやカナダ北部などのようにライチョウを主食とするシロハヤブサ、さらにアカギツネやホッキョクギツネなどの中型の哺乳類がライチョウと同じ生息地で繁殖している地域が多くあります。また、外国では人もライチョウの捕食者です。さらにスバールバル諸島やアリューシャン諸島など海岸に近い繁殖地では、カモメやカラスなどの卵や雛を食べる捕食者とも一緒に棲んでいます。そのことから、日本の高山に比べ、外国では古くから人を含めた捕食者が多い環境でライチョウが生息していたと考えられます。

死亡率が雌雄で異なるのはなぜか？

乗鞍岳のライチョウの成鳥の死亡率は、なぜ雌雄で異なるのでしょうか。違いがもっとも顕著にあらわれたのは、雛が孵化《ふか》して以後の7月から9月の夏の時期でした（P151・図11）。ライチョウは、繁殖の役割が性別によって明確に分かれています。雄は、自身のなわばりを確立し、雛が生まれるまでなわばりを維持します。しかし、雛が孵化するとなわばり防衛をやめ、雛の世話はいっさい手伝いません。夏の間、多くの時間をハイマツに隠れて過ごし、日中はほとんど観察されなくなります。雄の死亡率が4月から6月に高いのは、活発に繁殖活動をしている時期なので、捕食されやすいためと考えられます。それに対し、夏の間は不活発であることが、この時期の雄の死亡率を低くしていると考えられます。

一方、雌は、産卵の他、抱卵と育雛《いくすう》の子育てのすべてを担います。特に育雛期には、雛が独立するまでの約3カ月間、雛の好む柔らかい植物を求め、風衝地《ふうしょうち》や雪田《せつでん》植生など隠れる場所が少ない目立つ場所で過ごすことが多くなります。また、雌親は、自由にあちこち動き回る雛を見守り、捕食者から襲われないように常に目を光らせています。この子育ての負担により夏の時期に雌は捕食されやすく、雌の死亡率を高くしていると考えられます。

このように、繁殖行動の雌雄による役割の違いは、雌雄の死亡率の季節変化と密接に関係していました。羽田先生が1960（昭和35）年から1980年代にかけておこなった調査や、その後2000年代に入っておこなった調査では、ほぼすべての集団で雄のほうが多いことが確認されています。雌だけが子育てをし、雄はしないというライチョウの子育ての仕方が、性別による捕食されるリスクの違いを生み出し、雄に偏った性比をもたらしていたのです。雄の数が多いことにより、一夫一妻であるライチョウでは、雄の中には雌を持てない「あぶれ雄」が存在するという結果を生み出していたのです。

5章 解明された日本のライチョウの繁殖戦略

日本のライチョウの一生の特徴

これまで、世界でもっとも南で繁殖する日本のライチョウが、どれだけの卵を産み、どれだけ子どもが育つのか、そして無事大人になってからどれくらい生き残るかについて、海外の集団と比較することで、日本のライチョウの一生の特徴を明確にしてきました。

これまでに明らかになった日本のライチョウの特徴をまとめると、次のようになります。

1　日本のライチョウの一腹《ひとはら》卵数は、世界でもっとも少ない。
2　卵が捕食される割合は、外国の集団に比べ少なく、卵の孵化《ふか》率は高い。
3　雛の生存率、特に孵化後1か月間の生存率が低い。
4　1歳になるまで生存する割合は低い。
5　成鳥の生存率は高く、長生きする傾向がある。

日本のライチョウは、なぜこのような特徴を持っているのでしょうか?

日本のライチョウの繁殖特性と高山環境

2つ目の特徴の卵が捕食されることが少なく、孵化《ふか》率が高いのは、すでに述べたように、日本の高山帯にはハイマツがあることで、安全な営巣環境が得られるからと考えられます。３つ目の特徴の雛の生存率、特に孵化後１か月間の生存率が低いのは、日本の特有の梅雨による悪天候と日本の高山には雛の捕食者が多いことによることがわかりました。４つ目の１歳になるまで生存する割合が低いのは、それらの結果と考えられます。

では、１つ目の日本のライチョウの一腹卵数が世界でもっとも少ないのはなぜでしょうか？　また、最後の５つ目の特徴にある成鳥の生存率は高く、長生きする傾向があるのは、なぜでしょうか？

日本のライチョウの繁殖戦略

日本のライチョウの一腹《ひとはら》卵数が少ないのは、雛の生存率が孵化《ふか》後の梅雨の天候に左右され、とても不安定であることに起因していると思われます。日本には梅雨があり、孵化時の天候が悪いため、雛の生存率は基本的に低く、２００９（平成21）年や２０１３年のように天候が悪い年には、ほとんど雛を残すことはできません。一方で２００８年のように天候がよかった年は、多くの雛を残すことができます。

その年の天候は、人間にもライチョウにも予測不可能です。このような環境では、卵を一度にたくさん産んでも多くの雛が死亡してしまう可能性が高く、たくさん卵を産むために使ったエネルギーが無駄になります。卵をたくさん産むためには、餌をたくさん食べなければならず、雪上で虫を食べるなど目立つ行動が増えれば、捕食されるリスクも上がります。雌親が長生きできず、梅雨が早く明ける年に出合う前に雌親自身が死んでしまうと、日本の高山では1個体も子どもを残せずに死んでしまう可能性が高いのです。

そこで、日本のライチョウは、卵をなるべく少なく産み、毎年繁殖に注ぐエネルギーを少なくすることで、雌親がなるべく長生きし、２００８年のような梅雨が早く明けた年に多くの子どもを残す戦略をとっているのです。

日本の高山への生活史適応戦略

このような日本のライチョウの繁殖戦略は、ライチョウが日本に移り棲む前から持っていたものでしょうか。それとも日本に移り棲んでから獲得したものなのでしょうか。ミトコンドリアＤＮＡの解析から、日本のライチョウの祖先がロシア東部の集団であることは、わかっています。現在のロシア東部に生息するライチョウの繁殖戦略はわかっていませんが、海外の集団との比較でもわかるように極地周辺のツンドラ環境に生息している集団のほうが、日本やヨーロッパなどの分布南部の高山に生息する集団よりも一腹《ひとはら》卵数が多く、成鳥の生存率が低いことを示してきました。これらの結果は、ツンドラ環境に生息していた日本の祖先となったライチョウたちも、今の日本のライチョウよりも多くの卵を産んでいた可能性が高いことを示しています。つまり、日本のライチョウが現在持っている少ない一腹卵数と高い成鳥の生存率は、日本の高山に移り棲んだあとに獲得したと考えられるのです。

日本の高山には梅雨があり、梅雨による天候の不安定性が日本のライチョウの一腹卵数を小さくする方向の進化を促してきました。一方、日本の高山では、かつては捕食が少なく、捕食圧が高くなかったことで、成鳥は長生きすることで少ない一腹卵数を補う方向に進化してきたと考えられます。つまり、日本に移り棲んできたライチョウは、梅雨により多くの雛が死んでしまうが、捕食者が少なく、隠れ家となるハイマツがあったため、卵を少なく産み、親が長生きするという戦略を確立してきたと考えられます。

氷河期に日本列島に移り棲み、その後世界最南端の生息地の高山に逃れて生き残ってきた日本のライチョウが確立したこの繁殖戦略の適応は、それだけにとどまりませんでした。さらに、本州中部の高山の中で、南の集団ほど卵を少なく産むという適応力をも確立したのです。すなわち、日本のライチョウには、南の繁殖集団ほど一腹卵数が少なく北の集団ほど多い、という産む卵の数に明確な地理的違いがありました。世界最南端の集団である南アルプスの集団と日本でもっとも北の集団である火打山の集団では、産む卵の数に1卵の違いがありました（P125・表3）。この事実は、卵を少なく産み、親が長生きするという日本のライチョウへの自然選択が、南の集団ほど強く働いたことによる結果と考えることができます。

もしそうだとしたら、産む卵の数に対応し、親の寿命は南の集団ほど長く、北の集団ほど短いと予想されます。つまり、分布中間である乗鞍岳のライチョウの集団より、南アルプスの集団のほうが寿命が長く、逆に北の火打山の集団はそれよりも短いことが予想されます。

では実際にそうなっているのでしょうか？　南アルプスの集団については、北岳から間ノ岳《あいのだけ》で10年以上にわたり標識調査が実施されています。また、北の端の火打山でもちょうど10年間にわたり標識調査が実施されています。その標識調査結果によると、確かに乗鞍の集団より火打山の集団のほうが、寿命は短い結果になっていました。しかし、南アルプスの北岳から間ノ岳の集団では、そうなっていませんでした。北岳から間ノ岳の集団のほうが、乗鞍岳の集団より寿命が短いという、逆の結果でした。

寿命のほうは、予想したように南の集団ほど長く、長生きするという結果になっていなかったのはなぜでしょうか？ その原因は、最近ライチョウの生息する高山帯に侵入したキツネ、テン、カラス、チョウゲンボウといった捕食者による捕食だと考えられます。これらの捕食者の侵入が、日本のライチョウが氷河期以来長い年月をかけて築いてきた繁殖戦略を乱れさせ、日本の高山への適応がかつてのように機能しなくなっており、成り立たなくさせてしまっていると考えられるのです。

以上が、どれだけ生まれ、どれだけ死ぬかという側面から、長年にわたり解明しようとしてきた研究テーマの1つの結論でした。日本のライチョウの高山への適応力は、この点だけにとどまりません。雪のない季節が長い日本の高山に適応した秋羽の換羽《かんう》を加えた年3回の換羽に始まり、冬には亜高山帯に移動する越冬生態など四季の明確な日本の高山環境にうまく対応した生活史戦略を確立していました。

解明できたこれら日本のライチョウの生活史戦略、特に繁殖戦略は、現在さまざまな問題を抱えている日本のライチョウ、その保護に基礎資料として多くの示唆を与えるに違いありません。次は、最近になり本格的に始まった日本のライチョウの保護活動について紹介し、われわれが解明することができたこれらの基礎資料が保護にどう生かされているかを見ていきます。

第6部 人の手でライチョウを守る

1章 開始されたライチョウの保護対策

ライチョウが絶滅危惧種のIB類に

日本の動植物について、絶滅の危険性の程度を専門家が客観的に評価し、社会への警鐘として情報を提供するものに、環境省が作成したレッドリストがあります。そのリストでは、絶滅の可能性の高いものから順に絶滅危惧IA類、絶滅危惧IB類、絶滅危惧Ⅱ類、準絶滅危惧、そして情報不足の５つのカテゴリーに分類しています。１９９１（平成３）年に初めて作成されて以後、これまでに何度かの改正を経て、２０１２年に第４次レッドリストが公表されました。この改正により、ライチョウは、それまでの絶滅危惧Ⅱ類から絶滅の可能性が2番目に高い絶滅危惧IB類（近い将来に絶滅の可能性が高い種）に改正されました。

ライチョウ保護増殖事業計画の策定

この改正を受け、同年10月には、文部科学省、農林水産省、環境省の3省合意による「ライチョウ保護増殖事業計画」が策定されました。この計画では、ライチョウは日本の山岳生態系を象徴する種であり、日本の生物多様性を保全してゆくうえで重要な種の1つとしています。そして、生息に必要な環境の維持、および改善を図るとともに、飼育繁殖技術を確立し、絶滅した山岳への再導入などを検討することで、自然状態で安定的に存続できる状態にすることを目標とする、としています。

これは、われわれ人間が手を加えなくてもライチョウ自身の力で生存し続けていける状態にすることを目指すということです。この計画の策定は、端的に言えば国がライチョウの保護に本格的に乗り出したことを意味しています。では、この保護増殖事業計画でおこなわれる保護は、これまでの保護と何が異なるのでしょうか。

これまでの施策は、ライチョウそのものの捕獲禁止、そしてライチョウの生息環境である高山の景観保持といったライチョウにむやみにふれないことに重きが置かれていました。つまり、人間の直接的な影響を排除し個体数の減少を防ごうというものでした。しかし、1980年代後半から2000年代初頭にかけて明らかになったライチョウの個体数の減少と、ニホンジカなどの侵入による高山環境そのものの変化は、人が手を加えずただ見守るだけでは、ライチョウとその生息環境である高山の自然を守ることはできないことを意味しています。そのため、今回の保護増殖事業計画の策定により、ライチョウの保護は新たなステージに進むことになりました。

保護の基本方針と実施計画の策定

翌2013（平成25）年からライチョウ保護にかかわる専門家らで構成する「ライチョウ保護増殖事業検討会」が発足し、計画案の具体化と実施方法の検討、さらにライチョウにかかわる課題と取り組み方針の整理がおこなわれました。この検討会には、ライチョウ研究者だけでなく、動物園などで飼育を担当している日本動物園水族館協会の方々も検討委員会に加わりました。

生息現地でのライチョウ保護を「域内保全」と言います。それに対し、動物園などで飼って増やすことを「域外保全」と言います。ライチョウ保護増殖事業は、発足時から域内と域外にかかわる人が同じテーブルについてスタートしました。これは、それまでの動物の保護増殖事業ではないことでした。

ライチョウの飼育には、域内保全で培ってきたわれわれの知識や経験が生かせるはずです。逆に、ライチョウの飼育でしか得られない知見は、域内での保全に新たな視点をもたらしてくれるでしょう。域外保全の最終目標が野生復帰である以上、域内保全と域外保全は、互いに連携をとりながら最終目標である域内での安定的な野生個体群の確立を目指し、車の両輪のように進んでいくことが望まれます。

ライチョウ保護増殖事業検討会での検討結果に基づき、環境省は当面5年間の具体的な取り組み内容を整理した「第1期ライチョウ保護増殖事業実施計画」を、翌2014年4月に作成しました。

2章 ケージを使った生息現地での保護

人の手で雛を守る試み

乗鞍岳での調査から、日本のライチョウは孵化《ふか》後1か月間の雛の死亡率が特に高いことがわかりました。その死亡原因の1つは、雛が孵化する7月が日本特有の梅雨期で、雨の日が多いという悪天候にありました。また、もう1つの原因は、日本の高山で近年増加した捕食者による捕食でした。孵化したばかりの雛は、自分ではまだ体温維持ができず、飛んで逃げることができないからです。したがって、これらの要因で雛が死なないようにし、死亡率を低くすることができれば、ライチョウの数の減少を食い止めることができるはずです。多くのライチョウは5卵から7卵を産む、もともと多産の鳥だからです。

なんとか孵化後の雛の死亡率を低くすることができないだろうか？　思いついたのは、ライチョウが棲む高山帯にケージを設置し、ケージを使って雛を悪天候と捕食者から人の手で守ってやる方法でした。

さっそく、2011（平成23）年から環境省長野自然環境事務所と検討を始めました。実施にあたっては、まずどこの山で実施するかを検討し、環境省の他、文化庁、林野庁、さらには関係する県や市町村からの許可や同意を得る必要があります。検討の結果、乗鞍岳の室堂ヶ原《むろがどうがはら》にある東京大学宇宙線観測所の敷地内が最適、という結論になりました。

実施場所の見通しをつけたところで、環境省、文化庁、林野庁の他、地元の岐阜県と長野県、関係する市町村の関係者からなる現地視察会と検討会を開催することになりました。現地で実施方法と手順についての説明と意見交換がなされました。２回にわたる論議と検討を経て、関係者のほぼ了解が得られたので、許可申請の手続きに入ることになりました。

孵《ふ》化《か》後の家族をいかに保護するか

検討会で了解されたケージ保護の実施方法と手順は、次のようなものです。東京大学宇宙線観測所の近くに分布するなわばりの中から、ケージ保護を実施する候補のなわばりを選んでおき、可能なら巣を発見しておく。孵化したら、家族ごとゆっくり時間をかけてケージ設置場所まで誘導し、ケージの中に家族を収容する。ケージに収容して以後は、できるだけ日中は家族をケージの外に出し、外で自由に生活させる。ケージから出した家族には、人が付き添い、見守る。天候が悪化した場合にはケージに収容し、シートなどをかけて雨風から守ってやる。夜には必ずケージに収容し、捕食を回避する。

悪天候によりケージから出せない日も想定されるので、ケージ内には餌を用意する。用意する餌は、現地で調達し、下から人工の餌は持ち込まない。ケージ内の糞は毎日取り除き、ケージ内を清潔な状態に保つ。ケージ保護を１か月ほど実施したら、家族を放鳥する。放鳥した家族については、雛が無事に育っているかどうかを追跡調査する。放鳥後は、ケージを解体し、原状に戻す。

試作ケージでニワトリの飼育。捕食者から安全かを確認する。

以上が、ケージを使って人の手で孵化後の家族を守ってやる手法です。この手法で重要な点は、家族を誘導し、ケージに収容する点です。けっして家族を捕まえ、ケージに入れるのではないのです。もし、孵化したばかりの家族を捕獲したら、パニック状態になります。雌は人を警戒し、雛には人は危険ということが刷り込まれ、以後人になつかなくなります。

もう1つ注意してほしいのは、この手法を「ケージ保護」と呼び、「ケージ飼育」とは言わない点です。飼育は、動物園で人がすべて世話をして飼うことを連想します。しかし、この手法は、もともと彼らが生活している自然の中で、家族を自由に生活させることが基本です。人は遠くから見守り、悪天候と天敵から守ってやるのが目的です。

さらに、家族を外で自由に生活させることには、重要な意味があります。母親が雛に、何が食べられるか、何がおいしいかに始まり、天敵への対処の仕方など、高山で生きるすべを教えることを可能にしているのです。

２０１１（平成23）年度には、東京大学宇宙線観測所の敷地内にケージ設置場所適地の選定と、その周辺の植生調査を実施しました。家族をケージの外に出しても、まわりには十分な餌があることが確認できました。また、秋までには設置するケージの大きさや素材の検討を終え、ケージを完成させました。

試作したのは、組立式の鉄製のケージです。大きさは、幅２７０cm×奥行４５０cm×高さ１５０cmです。さっそく、部材を乗鞍高原にある信州大学の乗鞍寮の庭に運び、組み立てました。床面を除きケージ全体を金網で覆い、ケージの下半分は２重に覆うことで、オコジョなどの捕食者がケージ内に侵入できないようにしました。

しかし、この試作ケージがオコジョの他、キツネ、テンなどの捕食者から安全かどうかの保障はありません。設置したケージにニワトリを1羽入れて、14日間飼育しました。ケージのまわりにはくぼ地をつくり、そこに泥を入れ、動物の足跡がつくようにしました。飼育を開始するとノネコやイタチ、キツネがやってきましたが、問題ないことが確認できました。

乗鞍岳でケージ保護の試験実施

すべての準備と許可手続きが終わり、いよいよ２０１２（平成24）年から乗鞍岳でのケージ保護の試験実施が始まりました。東京大学宇宙線観測所の敷地の雪が消えた7月1日、鉄骨製ケージの設置を終えました。

この年の課題は、家族を誘導するテクニックを確立することでした。最初に、家族を警戒させず、安心させることが必要です。そのうえで、意図する方向に家族を誘導することになります。雛は、まだ自分で体温維持ができません。雛が体を冷やさないように途中で抱雛《ほうすう》させ、体が温まったところで移動を開始することの繰り返しです。移動させながら、雛に餌を食べさせることも必要です。雛が体を冷やさないよう、また疲れすぎないよう、雛の様子をしっかり観察し、その時の気温や日ざし、天候の状況を見ながら誘導することになります。7月に入り孵化《ふか》したいくつかの家族で誘導の練習をしました。

この年の7月20日から23日には、松本市内で「第12回国際ライチョウシンポジウム」が開かれました。その国際会議を開催したことで、この年には誘導した家族をケージに収容するケージ保護は実施できませんでした。ですが、国際会議が終わったあとの8月に入ってから1家族のみ短時間ケージに収容してみました。その時の感触から、ケージ保護の実施にあたり、確かな手ごたえを得ることできました。

本格的に開始された2年目のケージ保護

2年目の2013（平成25）年には、前年の大型ケージの他に、木製の中型と小型の2つのケージを新たに用意し、3家族を1家族ずつ3つのケージに収容し、ケージ保護を実施することになりました。木製ケージの大きさは、中型ケージが幅180㎝×奥行360㎝×高さ125㎝、小型ケージが幅120㎝×奥行240㎝×高さ96㎝です。サイズの異なるケージを3つ用意したのは、どのサイズ

内側にネットを張る前のケージ内の様子

がケージ保護実施に適当かを知るためです。6月の末には、東京大学宇宙線観測所の敷地内に大・中・小の3つのケージの設置を終えました。

当初は、7月の初めから孵化《ふか》した家族の誘導を開始する予定でしたが、予定していたなわばりの巣が卵の段階で捕食されてしまったことや、悪天候が続いたため、家族の誘導を開始できたのは7月中旬からとなりました。

ケージに家族を収容したのは、それぞれ7月20日、22日、25日で、3つのケージに3家族計15羽の雛を収容できました。4歳雌と4羽の雛、3歳雌と6羽の雛、1歳雌と5羽の雛の3家族です。ケージ内に収容した3家族は、すぐに人になれ、天気のいい日には午前と午後の2回、家族を外に出しました。

ケージに収容し、ケージから出しての散歩を開始して、すぐに大きな問題があることに気づきました。孵化した雛は、昆虫も多く食べることは、それまでの調査からわかっていました。そのため、実施計画では、ケージの中に花の咲く高山植物をプランターに植栽し、その花に集まる昆虫を食べられ

ケージに収容された母親と雛の家族

るようにすることになっていました。しかし、実際にやってみると、ケージの中の花に集まる昆虫の量はわずかでした。家族を1日中外に出しておくわけではありません。また、天気の悪い日は、外に出せない日もあります。このままでは、雛の成長に必要なたんぱく質が不足する危険性があります。

ミルワームの効用

思いついたのは、小鳥屋で売っているミルワームでした。ミルワームはゴミムシダマシ科昆虫の幼虫で、プラスチックのケースに入れて売っています。早々にミルワームを手に入れ、ケージの中の雛に与えてみました。雛は、お皿に入った動き回るミルワームを見つけると、すぐに集まってきて、目の前で食べ始めたのです。これならいける。雛の昆虫食への執着は、私の想像以上のものでした。

ミルワームは、雛のたんぱく質不足を補ってくれただけではありませんでした。散歩を終えケージに戻す時、急いでケージに戻れば、ミルワームにありつけることを、雛はすぐ

ミルワームをついばむ母親と雛

に学習したのです。ケージに戻そうとすると、雛たちは急いで自分からケージに戻るようになり、そのあとを雌親が追ってケージに入っていきます。ミルワームのおかげで、毎日のケージへの収容がスムーズになりました。

ケージ保護の実施計画では、下界から人工的なものを高山に持ち込まず、餌は高山にあるものにすることが、大前提でした。下界の細菌やウイルスといった感染症の原因を高山に持ち込まないためです。ミルワームの使用は、この大原則に反します。

しかし、計画は、計画なのです。計画に沿って実施し、予想外の事態が生じたら、現場での現状に合わせた素早い対応が必要です。計画通りに実施し、失敗したらその原因を解明するというやり方では、だめなのです。この場合、雛が死亡したのは、たんぱく質の不足が原因であったことをあとで実証できたとしても、もはや手遅れなのです。扱っているのは、生きた国の特別天然記念物なのです。失敗は許されません。そのことを、実感として理解しました。

成功したケージ保護の試験実施

ケージに収容した３家族計15羽の雛は、その後順調に育ち、８月12日に２家族を、15日に１家族を無事放鳥することができました。ケージ保護を実施した日数は、それぞれ24日間、22日間、22日間でした。この間、雛は常に元気で１羽も死ぬことはなく、全員無事に放鳥することができました。

放鳥したあと、３家族の雛の生存状況を追跡調査した結果、15羽のうち11羽の雛は、親から独立する９月末まで無事に育っていることが確認されました。残り４羽の雛は、雌親と一緒に見当たらず、死亡したと判断されました。ケージ保護した３家族は、ケージに収容するまでに１羽の雛が死亡しています。ケージ保護期間中は１羽も死ぬことがなく、放鳥後に４羽が死亡しています。ですので、この３家族は、孵化《ふか》した計16羽の雛のうち11羽が、３か月後の９月末まで無事に育ちました。ケージ保護した３家族の雛の生存率は69％（16羽中11羽）でしたが、これは高い値なのでしょうか？

乗鞍岳では、２００８（平成20）年以降、毎年孵化後の雛の生存状況を調査しています。２０１３年にケージ保護しなかった家族の雛の結果は、孵化後の１週間ですでに３分の１に減っていました。その後、雛が親から独立する９月末まで生き残ったのは、孵化した雛の４％にすぎないことがわかりました。この値は、それまで調査した６年間では、もっとも低い値でした。ですので、この年にケージ保護した家族の雛の生存率69％は、きわめて高い値です。

２０１３年のケージ保護が成功したことから、ケージ保護の有効性が実証され、ライチョウの保護に役立つことが確認できました。また固定小型ケージでもケージ保護が実施可能なことが確認できました。

誘導途中で収容する移動式小型ケージの開発

３家族のケージ保護は成功しましたが、次の改善点として見えてきたのは、遠方からケージに誘導する場合に、１日の誘導でケージに収容できない場合どうするのかという点です。というのは、２０１３（平成25）年にケージに収容した３家族の１家族は、約１㎞離れた場所からの誘導で、収容までに４日間かかりました。この場合には、夕方まで誘導したあとは、家族を現地に置いたままにせざるをえなかったのです。次の日の朝まで、家族はこの場所で無事に夜を過ごせるだろうか？　できることなら夜も付き添っていたい。それが無理なら、小型のケージを用意し、一晩だけそのケージに収容しておくことはできないだろうか？　つまり、誘導の途中に夕方になったら、近くに急いで小型ケージを設置し、その中に一晩家族を収容し、翌朝にはそのケージから出し、また誘導の続きを開始するという考えです。それができたら、誘導途中でも雛を悪天候と天敵から守ってやることができます。

この手法の確立は、別の観点からも必要になっていました。２０１３年のケージ保護の成功を受けて、２年後にはライチョウの数の減少がもっとも顕著な南アルプス白根三山でケージ保護を実施することになったからです。減少した白根三山では、ケージ設置場所近くになわばりがなく、離れたなわばりから家族を誘導する可能性が高いのです。そのため、３年目にあたる２０１４年度は、持ち運び可能な小さなケージを制作し、その中に家族を誘導し、一晩だけ収容する技術を確立することがおもな課題となりました。

しかし、この課題は、かなりハードルの高いものです。ケージ保護で使う固定式ケージに比べ、ずっと小さなケージに、はたして孵化《ふか》したばかりの家族を収容できるだろうか？　２０１３年に３家族のケージ保護に成功した経験から、それは不可能ではないと考えました。

それには、まず、そのために使える小型ケージの設計と制作が課題です。中・小の固定式木製ケージ２つを作成いただいた高山市の木工職人、高田基さんとの打ち合わせが、冬の訪れとともに始まりました。

移動式小型ケージへの収容手法の確立

翌２０１４（平成26）年６月、試作のケージが届けられました。大きさは、幅67・５㎝×奥行90・０㎝×高さ45・０㎝。重さは４・８㎏、１人で持ち歩きが十分可能です。夜、キツネに襲われても壊される心配はありません。このケージを「移動式小型ケージ」と名づけました。

さっそく、このケージを乗鞍岳に運び、この年には２家族をこのケージに試験的に収容することを試みました。最初に試みたのは、孵化《ふか》５日目の雛５羽を連れた家族です。７月13日朝９時10分にこの家族を見つけ、すぐに小林篤君が付き添いと誘導を開始しました。

近くに付き添うことで、雌親と雛に人が危険でないことを理解させ、安心させることが、まず必要です。その間に私のほうは、近くに移動式小型ケージの設置可能な場所を探し、そこにケージを設置する準備を始めました。発見場所から１５０ｍほど離れた場所に設置することに決め、昼ごろには設

誘導途中に家族を一晩だけ収容する移動式小型ケージ

置を終えました。

しかし、これで準備完了ではありません。次は、そのケージの中に、いかに家族を自然にスムーズに誘導するかです。空き地にケージを置いたままでは、丸見えです。家族が移動している間に、気がついたらケージの中に入っていたという状態で収容するのが理想です。

そのため、ケージはハイマツの縁に沿って設置しました。家族が縁に沿って移動する時、ケージができるだけ見えないように、ハイマツの枝でカムフラージュしました。ケージの中にもハイマツの枝を入れ安心できるようにし、近くから採取した植物を植栽し、ケージの中でも餌が食べられるようにしました。これで準備完了です。

ケージへの収容は、夕方遅くまで待つことにしました。夕方ぎりぎりまで家族を外で生活させ、餌も十分食べさせたいからです。朝から7時間以上、小林君が付き添いと誘導を続けたあと、夕方になりケージへの収容態勢に入りました。まず、ケージ近くまで連れてきた家族を、ケージの手前で抱雛《ほうすう》させ、雛を十分温めさせました。次は、母親の腹の下からいっせいに雛が出てきたのを見計らって、ケージの中への誘導です。家族は、雛を先頭に、あとを雌親がついてケージの中にスムーズに入りました。すぐにケージの扉を閉め、家族の収容に成功したのです！　時刻は17時40分、作戦は大成功でした。

収容直後、雌親と雛はケージから出ようと動き回りましたが、しばらくするとあきらめて抱雛を始めました。家族がケージの中で落ち着いたのを見計らって、雨風を防ぐシートをケージにかけ、夜に備えました。長かった1日が、これでようやく終わりました。

翌日の朝には、収容した家族をケージから出す予定でした。しかし、翌日も早朝から雨の天気でした。天候の回復を待ち、11時ころに家族をケージから出しました。雛が元気かを確認するため、この日も家族に付き添うことにしました。家族全員、問題なく元気なことを確認したのですが、夕方からまた天候が崩れ、雨になりました。家族をこのまま雨の中に放ってはおけません。もう一晩、ケージの中で保護することにしました。この日は、昨日と同じケージの中に、前日よりも早い16時40分、再び収容できたのです。家族は、ケージの中は安全であることを認識したのでしょうか。この日も問題なくスムーズに収容できました。

3日目の朝は、しばらくぶりに天候が回復し、日がさす天気となりました。朝から家族を外に出し、元気なことを確認し、1回目の移動式小型ケージへの収容試験を終了しました。

このように最初の家族は、うまくいきました。しかし、次の家族は、そうはいきませんでした。

次の家族は、固定式大型ケージを設置している宇宙線観測所の近くで孵化した家族です。巣を発見していたので、孵化するのを毎日見守っていたのですが、7月15日やっと孵化し、この日の午後1時20分に巣から出てきたばかりの家族を見つけました。雛6羽の家族です。すぐに付き添いと誘導を開始しました。この日は、固定式大型ケージのある方向に120mほど誘導し、そこに設置した移動式小型ケージに収容し、そこで一晩泊めることにしました。先の家族と同様、移動式小型ケージを設置し、収容する準備を整えました。夕方になり、収容を試みたのですが、雛はケージに問題なく入ったのですが、あとからついてきた雌親は、ケージのすぐ前で飛び立ってしまったのです。急いで雌親を3人で取り囲み、ケージの場所に戻したのですが、2回目もケージの手前で飛び立ってしまいました。雛たちは、雌がいなくなったので、パニックの状態になりました。ケージから出て、雌を探し始めました。こうなったら、また最初からすべてやり直しです。

家族を落ち着かせ、抱雛させたあと、ケージの中への誘導を再度試みました。しかし、3回目も同じ結果でした。雛はケージに入ったのですが、雌は入ろうとしません。あきらめて遠くから家族をしばらく見守ることにしました。もうあたりは、薄暗くなっています。次に失敗したら、ケージへの収容は無理です。家族を十分落ち着かせ、4回目の挑戦を試みました。今度は、家族全員をなんとか収容できました。すぐに、ケージにシートをかけ、中を暗くし、家族が中で暴れないようにしました。

この苦戦から、多くのことを学びました。孵化したばかりの雛を連れた雌親が、いかに神経質になっているかです。最初の家族の成功で、そのことに気づかず、2回目の誘導は少し強引すぎました。前回の家族以上に、最初は遠くから見守り、時間をかけて慣らすことをするべきでした。ケージへの収容は、家族との信頼関係ができていないと、うまくいかないことを理解しました。

驚いたのは、雌親の雛を守ろうとする本能です。雌親をケージに入れようと焦り、3人で強引に何度も追い回したのですが、雛のいるところにすぐに戻ろうとし、雛を見捨てなかったのです。そのことに気づくことで、雌の雛を守ろうとする本能をうまく利用し、無理をせずに家族を誘導し、ケージに収容するのがコツであることが理解できました。

翌朝は、霧と雨に加え、強い風が吹く悪天候となりました。しかも、この日は私1人です。天候が回復する見込みがない以上、この狭いケージに家族を閉じ込めておくわけにはいきません。7時40分、家族をケージから出しました。さらに、150mほど先の固定式大型ケージに向けて誘導を開始しました。カッパを着ていても、体が濡れるという状態の中での誘導となりました。雌親は、雨風から雛を守ることに必死です。抱雛をさせ、雛の体が温まったら移動の繰り返しです。4時間以上かけ、昼には大型固定ケージに家族を収容できました。この時、私の体は冷えきって、限界にきていました。しかし、大型ケージに収容してしまえば、あとは心配ありません。餌は十分に用意してあり、雨風は防げます。私は、宇宙線観測所の宿舎に駆け込み、着替えて体を温めました。

翌朝、天候が回復し、5時50分に家族を大型ケージから出しました。あとは、自分たちで無事に生きていってくれるのを祈るばかりです。

誘導途中に家族を移動式小型ケージに一晩泊め、悪天候と捕食者から守ってやるという課題は、なんとかクリアできました。また、そのためのコツもつかむことができました。これで、ケージ保護の実用化にめどがつき、3年間にわたる乗鞍岳での試験実施にひと区切りをつけることができたのです。

南アルプスでケージ保護実施適地を探す

２０１４（平成26）年度には、もう1つ大きな課題がありました。翌年には、南アルプスの北岳周辺で、今度は本格的にケージ保護を実施します。そのため、ケージ保護を実施するのに適した場所を選んでおく必要があったのです。

選定には、さまざまな角度からの検討が必要です。ケージを置くことができ、そのまわりで家族を生活させるのに適した比較的平らな場所であることがまず必要です。また、われわれが宿泊する山小屋にできるだけ近いことも条件の1つです。さらに、登山者に迷惑のかからない場所でなければいけません。

これらの要件を満たす場所は、北岳周辺で見つかるだろうか？　乗鞍岳で試験実施したような場所は、高山帯にはそうあるものではありません。検討を始めて、隣の仙丈ヶ岳《せんじょうがたけ》も含めて考えることにしました。というのは、これまで白根三山一帯でのライチョウの標識調査から、北岳と仙丈ヶ岳の間では、個体の交流があることがわかっていました。また、北岳周辺よりも、仙丈ヶ岳のほうが、雛がよく育っていることもわかっていたからです。冬の時期の検討で、計8か所ほどの候補地が決まりました。

6月に入り、白根三山と仙丈ヶ岳でのライチョウ調査が開始されました。その調査と合わせ、候補地現地での詳細な検討が始まりました。ケージ設置場所は、6月下旬に雪が解けている場所でないといけません。また、その周辺は餌が得やすい場所で、かつ貴重な高山植物がある場所ではないことの確認も必要です。最終的に、北岳山荘周辺と仙丈小屋周辺の2か所が実施可能な場所として選ばれました。秋以降は、環境省とさらに検討を重ね、どちらかに決定したうえで、実施にあたってはケージ設置場所やライチョウの餌となる高山植物の採集など、関係する機関や関係者と事前協議をし、許可を得ることが必要です。

ケージ保護は、「北岳山荘周辺で実施する」との環境省の判断が下されました。以後、半年にわたる協議と検討を経て、翌2015年の春には必要な許可と関係者の同意、これらすべてを得ることができました。

3章 南アルプス北岳でのケージ保護

事前準備

乗鞍岳でのケージ保護試験実施で実用化のめどがついたものの、これからが本番です。北岳山荘に泊まり、これから実施するケージ保護で、この地域のライチョウの減少を食い止め、数を増やさなければなりません。2015(平成27)年5月初め、ケージ保護に必要な物品すべての準備が整いました。大きいものは、乗鞍岳で使った木製の固定式中型ケージと小型ケージです。初年度は、2つのケージを用意し、2家族を保護することになりました。さらに、移動式小型ケージの他、ケージを覆うシート、金網、ネット、シャベルなどです。これらを私の自宅の庭に集めてみると、その量の多さに驚きました。重さ1トンほどです。これらを荷づくりし、5月初めに北岳山荘を管理する南アルプス市の市役所あてに発送しました。環境省の担当の方、市役所の方など、多くの方の手をわずらわし、北岳のふもとにある広河原のヘリポートに、荷物を届けることができました。6月上旬、これらの荷物は、ヘリにより北岳山荘に無事届けられました。

荷物の発送を終えた6月14日から17日、小林篤君と私は北岳から間ノ岳《あいのだけ》一帯のなわばり分布の調査に入りました。この調査は、2003年からほぼ毎年実施しています。しかし、この年の調査結果については、多くの関係者が注目していました。それは北岳山荘のまわりにケージ保護を実施するだけのなわばりがはたして存在するかが、大変心配されていたからです。

北岳山荘のまわりは、1981（昭和56）年には南アルプスでもっとも多くのなわばりがあった地域でしたが、その後急減したことは、先に述べたとおりです。北岳山荘のまわりに設置したケージに、孵化《ふか》したばかりの家族を誘導可能な範囲は山荘から1km以内と考えていました。この範囲内に、2013年と2014年の調査では両年とも2つのなわばりしかありませんでした。2家族のケージ保護を実施するには、途中で繁殖に失敗するなわばりも考慮すると、最低でもこの範囲内に3つのなわばりの存在が必要と判断していたのです。当時は、こんな心配をするほど数が減っていたのです。この心配があったから、隣の仙丈ヶ岳《せんじょうがたけ》でのケージ保護実施案も、最後まで捨てきれなかったのです。

調査の結果、北岳から間ノ岳周辺一帯に計9なわばりを確認できました。そのうち北岳山荘から1km内には、4なわばりを確認できました。しかし、北岳山荘から500m内になわばりはなく、4つのなわばりはいずれも600mから1km離れた遠い場所です。そのため家族をケージまで長距離誘導することになります。大変ですが、実施せざるをえません。最初で最大の懸念がなんとかクリアできたのですから。

ケージへの誘導

ケージ保護実施家族の確保に見通しが立ったので、その後下山し、6月24日に再び北岳に登ってきました。今度は、計5名ほどで、ケージ保護をいよいよ実施するためです。最初の仕事は、北岳山荘近くに2つの固定式ケージを設置する作業です（口絵28）。次は、予定していたなわばりで、雛が孵化《ふか》するのを待ち、孵化したらすぐに家族をケージに誘導し、収容する仕事です。

なわばり調査の折、予定していた4なわばりの1つで抱卵中の巣を発見していました。しかし、二度目に訪れた時には、捕食により全卵がなくなっていました。そこで残り3なわばりの孵化を待つことになりました。6月28日の13時過ぎ、中白根山山頂のなわばりで孵化した雛6羽と雌親の家族を発見し、すぐにこの家族の付き添いを開始しました。孵化後1日か2日目です。ここから北岳山荘までは、800mほどの距離があります。この日にこの距離を誘導し、固定式ケージへ収容するのは無理です。山頂から下った平らな場所に、移動式小型ケージを設置し、夕方にはそこに家族を収容しました。この日の夜中に、この小型ケージをテンが襲ったことが、ケージのまわりに設置した赤外線センサーカメラで撮影されました。映像からテンは10分間以上ケージにつきまとっていたのですが、その後あきらめていなくなりました。そんなことがあった翌日は、天気に恵まれ、1日かけてこの家族を誘導し、夕方には北岳山荘の固定式ケージに収容できたのです。この家族をA家族と名づけました。

A家族の世話を開始し、次の家族の孵化を待ちました。しかし、なかなか雛は孵化してくれません。7月5日の昼ころ、中白根山手前のなわばりで雛6羽を連れたB家族がやっと見つかりました。さっそく付き添いの開始です。ところが、夕方近くに雛1羽がいなくなり、行方不明になりました。そのため、近くに設置した移動式小型ケージに、この日に収容できたのは5羽の雛と雌親でした。

ライチョウの雛を捕食するオコジョ

雛の天敵オコジョ

翌朝、B家族をケージから出した時、また事件が起きました。出して数メートル先で、ハイマツに隠れていたオコジョに雛が1羽捕られたのです。この時点で、われわれはオコジョに初めて気づきました。オコジョは2頭です。昨日からオコジョが雛を狙っていたのです。ケージに家族を収容したあとも一晩中狙っていたものの、ケージの中には入れず、夜明けに家族が出てくるのをケージの前で隠れて待っていたのでしょう。

残された雛4羽を守るため、1人は家族に付き添い、残り3人でオコジョを追い払おうとしました。しかし、オコジョは素早く動き回り、岩の間に入ったかと思うと、2、3m先から出てきます。人を怖がらず、逃げ回るばかりで、思った方向に追い払うことができません。5分間ほど追い回し、ようやく2頭は姿を見せなくなりました。急いで家族をその場から移動させ、この日の夕方には、北岳山荘の固定式ケージにこのB家族を無事に収容できました。

私は、オコジョの恐ろしさを初めて体験しました。以後、家族を誘導する場合やケージから出して散歩をさせる場合には、オコジョにいっそう注意することにしました。岩がゴロゴロした岩場や背の高いハイマツの縁には、家族を極力近づけないことにしたのです。

7月7日、残りのなわばりで雛が孵化《ふか》しました。このなわばりは、北岳山荘からもっとも近く、ケージ保護実施の最有力候補の家族でした。しかし、この年用意した固定式ケージ2つには2家族をすでに収容しており、この家族を守ってやるケージはもうありません。せっかく発見できたのですが、孵化する時期が遅すぎたため、どうしようもありません。この家族は、その数日後には、雛の姿が見られなくなりました。

雨と強風との闘いのケージ保護

A・Bの2家族のケージ保護が、本格的に始まりました。北岳山荘でのケージ保護をしばらく実施し、乗鞍岳とは大きく異なる点が見えてきました。それは、風の強さです。北岳山荘のある場所は、尾根筋に位置しています。そのため、強い風がまともに吹きつけるのです。雨は、乗鞍岳でも十分経験していたのですが、それに強風が加わると、ケージ保護の実施は困難を極めます。

A家族を収容したあと、使い終わった移動式小型ケージを尾根に放置したところ、その夜に強風が吹き、ケージは吹き飛ばされ、風下の反対斜面にバラバラの状態で発見されました。そのこともあり、家族を収容している固定式ケージが強風で吹き飛ばされる恐怖を経験しました。夜に山荘の2階で寝

強風に飛ばされないようにしたケージ

ていると、強風と雨の音に目が覚めることが何度もありました。ケージが吹き飛ばされないか心配になり、カッパを着て夜中にケージを見にいったことも何度かありました。

そんなことがあるたびに、固定式ケージが風に吹き飛ばされない対策がとられました。最初は、ケージの上に石を載せましたが、その石もしだいに大きくなりました。しかし、それだけでは、まだ安心できません。

この年には、研究室の卒業生の太田隆雄さんがケージ保護を手伝いにきていました。力のある彼は、太い針金2本をよって、丈夫なワイヤをつくってくれました。それを何本もケージの上にかけ、両端を鉄の棒で固定し、ケージが飛ばされないようにしたのです。ケージを固定するのに使ったワイヤの数は、横に3本、縦に1本です。これらの対策は、乗鞍岳ではまったく必要ありませんでした。

雨と強風のため、家族をケージから出せない日も何日かありました。そんな日は、ケージの中で家族が食べる餌を、その分多く用意します（口絵29）。強風の中では、カッパを着ていても濡れます。雨に濡れながら、ライチョウが好むクロウスゴ、クロマメノキ、ムカゴトラノオなどの餌を採集し、それらを食べやすいように花束にするのはじつに大変な作業です。

初年度には、もう1つ大変な問題が起きました。B家族は、最初のころにはケージから出して散歩させたあと、ケージへの収容には問題がなかったのですが、1週間が過ぎたころから、雌親がケージに入ることを嫌がり始めました。そのため、8日間のケージ保護を最後に、この家族は、放鳥することになりました。これまで、多くの家族についてケージ保護を実施しましたが、このようなケースは初めてのことです。

一方、A家族のほうは、6月28日から7月19日までの計21日間、順調にケージ保護ができました。最終日には、この家族がもといた中白根山まで連れていき、6羽の雛全員を無事放鳥することができました。放鳥17日後の8月5日、このA家族の雛は4羽に減っていました。その後8月下旬までは4羽の雛は無事中白根山で確認されたのですが、9月以降は行方不明となりました。B家族の方は、放鳥したあと、一度も見つかることはありませんでした。

初年度のケージ保護は、大変な苦労をして実施したにもかかわらず、無事親から独立する秋まで雛が生存したかどうか確認できず、けっして成功したと言えるものではありませんでした。

2年目の北岳でのケージ保護

翌2016（平成28）年には、固定式中型ケージ1つと移動式小型ケージ1つを新たに用意し、他

孵化後１週間の雛と母親の家族

の荷物と一緒にヘリで北岳山荘に荷揚げしました。この年は、固定式ケージ３つと、新作の移動式小型ケージ１つ、さらに前年風に吹き飛ばされ壊れたものを修理した移動式小型ケージ１つ、計５つのケージを用意しました。これらのケージを使い、２年目は３家族を人の手で守ってやることになりました。

この年には、北岳から間ノ岳《あいのだけ》一帯のなわばり数は、前年より３つ増えて計12で、そのうち５つが北岳山荘から１㎞内にありました。この年も北岳山荘のすぐ近くになわばりはなかったのですが、家族の確保は前年より余裕がありそうです。

６月27日夕方、孵化《ふか》したばかりの最初の家族を発見し、その日のうちに近くに設置した移動式小型ケージに収容しました。雛７羽の家族です。しかし、この家族を北岳山荘の近くに設置した固定ケージに収容するには、まず目の前の２００ｍほどある急な斜面を尾根まで誘導しなければなりません。翌日から悪天候が続いたこともあり、29日まで３日間を移動式小型ケージ内で保護しました。その翌30日の朝に家族を出

ケージから出る家族

し、その日のうちに固定式ケージにこの年のA家族を無事収容できました。

次のB家族（雛7羽）は、6月30日に中白根山の山頂で見つかりました。その日には近くに設置した移動式小型ケージに収容し、翌日は強風の中11時間ほどかけて固定式ケージに収容しました。この日に誘導した距離はそれまで最長の1120mでした。

C家族（雛6羽）は、A家族の隣のなわばりで7月1日に孵化し、その日のうちに移動式小型ケージに収容したあと、そこで4日間保護し、5日目に固定式ケージに収容しました。ケージに収容したのは、3家族の雌3羽と雛計20羽です。

この年の3家族のケージ保護を実施した期間は、A・B・Cの家族それぞれ23日間、19日間、20日間で、A・B家族はともに7月20日に、C家族は7月21日放鳥しました。しかし、放鳥した雛の数は計15羽で、ケージに収容した時点の20羽のうち5羽は、ケージ保護中に死亡しました。死亡したのは、A・B・Cの3家族のうち、それぞれ1羽、2羽、2羽の雛でした。死亡は、7月6日から12日の間に起きており、死亡した雛の日齢は7日目から13日目でした。

死亡した雛は、いずれも雌親による抱雛《ほうすう》を十分に受けられず、体が冷えたことによる衰弱死と思われました。体が冷えて動きが鈍くなった雛の何羽かは、手やお腹の体温で温めてやったことで、元気を回復した雛もいました。ケージ飼育中に雛が死亡するのは、初めてのケースで、課題を残しました。

ケージを襲ったテン

この年には、ケージ保護中に大事件が起きました。7月18日から19日にかけての夜間に、テンがケージを襲ったのです。その様子は、ケージに設置した赤外線センサーカメラで撮影されていました。撮影された映像によると、テンがケージにあらわれたのは18日夜23時55分で、その後0時25分まで30分間ケージのまわりにいましたが、その後いったんいなくなり、19日午前1時41分から再びケージにあらわれ、48分までの7分間ケージのまわりにいて、その後いなくなりました。

テンがケージにあらわれると、中にいたB家族の雌親が飛び立ち、ケージ内のネットでバタバタしているうちに、ネットの隙間からネットの外に出て、ケージの外にいるテンとケージの金網をはさんでの争いとなったのです。この争いの最中に、雌親の左足指の3本のうち1本がテンによりかまれて失われました。金網の隙間から足指が出た時にテンにかまれたものと考えられます。

テンがいなくなったあと、雌親はネットと金網の隙間で朝まで過ごしました。19日の朝5時40分にこのケージを訪れた時、雌がネットの外に出ているのに気づき、雌をすぐにネットの中に入れました。

夜中にケージを襲ったテン。金網を隔て雌親がテンと対峙（提供：長野朝日放送）

雌は、すぐに集まってきた雛を腹の下に入れて温める抱雛《ほうすう》を始めました。

以上がビデオの映像からわかったことです。テンがケージの外に来た23時55分以後、翌朝5時40分までの5時間45分、雛たちは雌親の抱雛を受けていなかったのですが、この間に体が冷えて死ぬことがなかったことが、不幸中の幸いでした。雛たちは、孵化《ふか》から18日目でした。あと1週間早く、かつ寒い日であったら、雛は体が冷え、確実に死亡したと考えられます。

それにしても、雌親が雛を守ろうとする本能には、改めて驚かされました。野外でテンに襲われた時には、雌親は雛を守るため、今回と同様にテンと戦う行動に出るのでしょう。その場合、勝てる確率はどれだけあるのでしょうか？

今回の場合、ケージの外にテンが来ても、雛が捕食される心配はありませんでした。ケージの中で雛の抱雛を続け、じっとしていたら何の問題もなかったのです。しかし、雌親はテンを攻撃にいきました。その結果、自分自身を危険にさらすだけでなく、残された雛をも危険な状態にする可能性もありました。雌親の雛を守ろうとするこの行動は、本能としか言いようがありません。

生き残ったのは15羽のうち3羽

3家族計15羽の雛を放鳥したあと、その後の雛の生存状況を調査しました。その結果、8月16日にB家族の雌は単独で発見され、雛を連れていませんでした。また2日後の18日には、A家族とC家族は一緒になり、雛3羽を連れた5羽の群れ（雌2羽＋雛3羽）で観察されました。ですので、放鳥時に計15であった3家族の雛は、1か月後には3羽になっていたのです。その後、9月・10月の調査でもAとCの2家族は一緒に行動していましたが、10月にはさらに1羽減って2羽になっていたのです。すなわち、放鳥した時点で計15羽いた雛が、孵化《ふか》後3か月が過ぎた親から独立する時期まで確実に生き残ったのは2羽にすぎなかったのです。10月に入ると親から独立する雛がいますので、もう1羽の雛は親から独立し、無事である可能性はあります。それにしても、放鳥したあと無事に育ってくれる雛がこれだけでは、あまりにも少なすぎます。

では、ケージ保護しなかった家族の雛の生存状況はどうでしょうか？ 北岳から中白根山にかけて、ケージ保護しなかったのは計4家族です。これらの4家族の雛は、孵化から約2週間後の7月20日までに、すべての雛を失っていました。この地域では、雛はまったく生産されていないのです。それに対し、間ノ岳《あいのだけ》周辺で孵化した計5家族では様子は少し違っていました。5家族のうち2家族は、9月中旬になってもそれぞれ5羽と2羽の雛を連れていました。なぜ、北岳山荘のある北岳から中白根山にかけての地域では、ケージ保護した雛も含め、雛の生存率がこんなに低いのでしょうか?

この年のケージ保護を実施して、大変驚き、また奇異に感じたことは、ケージ保護したA・Cの2家族が、放鳥後少なくとも2か月以上にわたり一緒に群れになっていたことです。雛をつれたの家族が一緒になることは、ありえないことです。私の長年の観察で、そんな例は一度も観察されませんでした。家族どうしが接近した場合、雌親が大声を出し、互いに相手をけん制するのが一般的です。

この2羽の雌は、お互いに近くになわばりを持ち、ケージ保護により近くで雛を育てた経験を持った個体どうしです。もしかしたら、この行動は、キツネ、テン、チョウゲンボウなどの捕食者から、共同して雛を守るためにとった行動ではないのか? 一緒になっての子育てが、あまりにもめずらしい行動なので、そう解釈するのが妥当ではないかと思うようになりました。

試験的に天敵を除去する

北岳での2年間のケージ保護で、テンが二度もケージを襲ったところをビデオで撮影することができ、一度はライチョウの雌に怪我《けが》までさせました。キツネも捕食者であることは、ライチョウの羽の入ったキツネの糞が、白根三山だけでなく他の山岳で見つかっているので明らかです。ケージ保護により人の手で守ってやった雛が、放鳥したあとに思うように育っていないのは、もともとは高山にいなかったこれらの捕食者が原因である可能性が、いっそう高まりました。

これらの捕食者を取り除いたら、この地域のライチョウの数は増加し、ケージ保護したライチョウの雛の放鳥後の生存率も高まるのではないのか？　2年間の結果を受け、高山帯からの捕食者の除去の是非や捕獲方法の検討がなされ、3年目には、これらの捕食者を試験的に取り除いてみることになりました。この決定は、環境省としては大変大きな決断です。試験的とはいえ、国立公園の特別地域の中での捕獲です。人の手を加えないことが、それまでの大原則であったからです。

過去には、白根三山一帯ではキツネとテンが捕獲されていました。ですので、高山での捕獲方法はすでに確立されていたのです。北岳山荘と北岳肩の小屋周辺の2か所で、小屋開けの5月からキツネとテンの捕獲を実施することになりました。3年目のヘリの荷揚げには、捕獲用の罠《わな》も加わりました。

6月初め、北岳山荘に罠を設置すると、すぐに2頭のテンが捕獲されました。その後、北岳肩の小屋で4頭のテンが捕獲され、ケージ保護を実施する前に、計6頭のテンが捕獲されました。一部の個体は罠の不具合で逃がしてしまいましたが、予想以上の成果が得られました。捕獲後に下界に降ろすことができたテンは、現在動物園で飼育されています。

順調だった3年目のケージ保護

北岳でケージ保護を実施し3年目となる2017（平成29）年には、北岳から間ノ岳《あいのだけ》一帯で計16のなわばりが確認され、そのうち6つは北岳から中白根山間にありました。この6つのうち1つは、北

北岳山荘近くに設置したケージ（2017 年 7 月 10 日）

岳山荘のすぐ近くにあり、すでに巣が発見されていました。この巣で7月4日の台風が通過した日に、雛が孵化《ふか》しました。7卵すべてが孵化したのですが、翌日には雛5羽に減っていました。この雛5羽の家族（A家族）をその日の昼には、直接固定式ケージに収容しました。次のB家族は、7月3日に孵化した雛6羽の家族で、5日に移動式小型ケージに一晩収容したあと、翌日に固定式ケージに収容しました。

3番目の家族は、B家族の隣のなわばりで孵化するのを待っていたのですが、なかなか孵化してきません。そのため、離れているのですが、北岳山頂近くのなわばりで7月5日に孵化し、8日朝に発見した雛5羽のC家族を誘導することにしました。このC家族をその日のうちに移動式小型ケージに収容できました。この日に誘導した距離は1・2㎞で、一日の誘導距離の最長記録をさらに更新しました。翌日の9日には、固定式ケージに無事収容できました。

3年目の2017年には、比較的スムーズに3家族を北岳山荘のまわりに設置した3つのケージに収容することができました。その後AとB家族については、ともに31日間ケージ保護を実施し、8月5日に放鳥しました。また、C家族は28日間ケージ保護をしたあと、同じく8月5日に放鳥しました。3家族をほぼ1か月間保護し、収容した16羽の雛全員を無事に放鳥することができたのです。この間、午前と午後の1日2回、それぞれの家族を1回あたり2時間ほど、ほぼ毎日散歩させることができました。ケージへの毎日の収容にも特にトラブルはなく、雛は全員ケージ保護期間を通して元気でした。3年目にしてようやく、思いどおりに家族を誘導し、ケージに収容し、保護することができました。

このように2017年には特にトラブルは何もなく、3家族計16羽の雛を無事放鳥できたのですが、問題は放鳥したあとの雛の生存です。この年には、北岳山荘の従業員の方にも、放鳥後の家族の確認に協力いただきました。以下は、3家族を放鳥後に確認した際の様子です。

放鳥後のケージ保護家族の確認状況

3家族を8月5日に放鳥した翌日、AとB家族は、それぞれ放鳥時と同じ5羽と6羽の雛を連れているのを確認できました。その後8月9日に従業員の方が、AとB家族が放鳥時と同じ、それぞれ5羽と6羽の雛を連れているのを観察し、スマートフォンにその映像を記録してくれました。翌日の10日には、A家族の雛数が1羽減り4羽になったことが、スマートフォンの映像から確認できました。

8月19日にB家族が9羽の雛を連れているのが観察されたのです。B家族の放鳥時の雛数は6羽ですので、6羽が全員無事であったとしても、残り3羽は明らかにB家族以外の雛です。北岳から中白根山間にあった6なわばりのうちケージ保護しなかった2なわばりでは、すでに繁殖に失敗していますので、この残り3羽の雛は、AかC家族の雛ということになります。

8月29日には、われわれによりC家族が確認され、雛数が放鳥時より2羽少ない3羽となっていました。その3羽の雛を捕獲し、足輪をつけました。また、30日にはA家族が観察され、放鳥時より雛数が2羽減って3羽になっていることが確認されました。この3羽の雛も捕獲され標識されたのです。しかし、この29日から31日の調査では、いくら探してもB家族は発見できませんでした。

それから1か月後の9月27日から30日に調査がおこなわれました。それによると、27日にC家族が確認されたのですが、8月の調査時標識した雛3羽が2羽に減っていました。それに対し、28日に確認したA家族では、8月に標識した3羽の雛がそのままでした。さらにその日には、B家族を発見することができました。この日、B家族の雌が連れていた雛は、計8羽でした。そのうち1羽は、足輪から8月29日に標識したC家族の雛でした。残り7羽の雛は足輪がついていなかったので、捕獲し標識しました。B家族の雛が6羽とも無事であったとすると、残り1羽はC家族の雛と推定されました。

さらに2日後の30日に、雛7羽を連れたB家族が再度確認されました(口絵22)。7羽のうち3羽は、2日前の28日に標識した6羽の雛のうちの3羽であることが、足輪からわかりました。しかし、残り3羽の雛は、この日には一緒にいませんでした。7羽の雛のうち2羽は8月29日に標識されたC家族の雛で、そのうち1羽は9月27日にC家族で確認された個体、もう1羽は9月28日にB家族の中で確認された個体でした。残り2羽は、足輪なしでしたので、捕獲し標識しましたが、この2羽の雛の1

羽はC家族の雛、もう1羽はA家族の雛と推定することができたのです。

以上、長くなりましたが、放鳥したあとのケージ保護した3家族の確認状況と雛の生存について、一部推測を含めて詳しく述べたものです。これらの事実は、何を意味しているのでしょうか？

高まったケージ保護した雛の生存率

この年、ケージ保護実施後に放鳥した計16羽の雛のうち15羽が、雛が親から独立する孵化《ふか》約3か月後の9月末まで無事に育っていたことがわかりました。ケージ保護した雛の生存率は、初年度には2家族10羽を放鳥したうち、8月末まで生き残っていたのは4羽のみでした。また、2年目は、3家族15羽を放鳥したうち、9月末まで生き残ったのは3羽のみであったのと比較すると、3年目はきわめて雛の生存率が高かったことがわかります。

では次に、3年目の2017（平成29）年にケージ保護しなかった家族の生存率と比較してみます。ケージ保護した3家族は、3家族とも少なくとも1羽以上の雛が9月末まで無事でしたので、1羽以上の雛が生存する家族あたりの生存率は100％です。それに対し、ケージ保護しなかった13家族のうち、9月末まで1羽以上の雛を育てたのは4家族で、生存率は30・8％にすぎませんでした。

次に、生まれた卵あたりの生存率で比べてみます。生まれた卵の数は、巣を発見し一腹《ひとはら》卵数を確認できなかった巣については、この地域の平均一腹卵数5・23卵から推定しました。ケージ保護した3家族が産卵した数は17・5卵（7卵＋5・23卵×2巣）、しなかった13家族が産卵した数は66・8

孵化４週間目のケージ内での様子

卵（4卵＋5・23卵×12巣）と推定されました。

このうちケージ保護した家族では、９月末まで生き残ったのは15羽でしたので、卵あたりの生存率は85・７％（15／17・５）でした。それに対し、ケージ保護しなかった家族の場合は、３か月後まで生き残ったのは12羽のみでしたので、生存率は18・０％（12／66・８）にすぎませんでした。これらの結果から、３年目の２０１７年は、それまでの２年間と比べても、放鳥後の雛の生存率はずっと高く、またこの年にケージ保護しなかった家族よりもずっと生存率が高かったことがわかります。

ではなぜ、ケージ保護3年目には、これほどケージ保護した雛の生存率が高まったのでしょうか？　その理由は、この年初めて捕食者対策も一緒に実施したためと考えられます。キツネ、テン捕獲用の罠《わな》を設置し、ケージ保護実施前に６頭のテンを捕獲したことの効果がまず考えられます。また、ケージ保護実施中も捕獲罠を設置し続けたことで、これらの捕食者が警戒し、近づかなくなった可能性も考えられます。捕食者対策が、予想以上の効果を上げたのです。

雛は、秋に親から独立し若鳥となって以後、翌年の春に1歳となり繁殖するまでの冬の時期の死亡率は低いので、ケージ保護した雛の多くが翌年に繁殖することが期待されます。

捕食者の除去と一緒におこなったケージ保護が成功したことで、この地域のライチョウの数がこれほどまで減ってしまった原因は、キツネ、テンなどの捕食者が高山帯へ侵入したことによるとした、以前からのわれわれの主張が正しかったことの証明ともなりました。

確立されたケージ保護対策

今後は、ケージ保護した個体のうち何羽が翌年の繁殖に参加し、この地域の繁殖数が増加に転じるかを引き続いて見てゆくことになります。また、捕食者の除去も様子を見ながらケージ保護と一緒に今後も続けますが、今回の成功で、生息現地での保護策である域内保全に明るい見通しをつけることができたと考えています。ケージ保護の計画案の検討を始めてから、ここまでくるのに10年ほどかかったことになります。

北岳でのケージ保護の効果を今後も追跡調査し、実証することで、今後は同様に減少が著しい地域でも実施し、減少を食い止めることができると考えています。このケージ保護による対策は、応急処置であり、大事なのは減少そのものの原因に対する対策だと私は考えています。

今後は、このケージ保護の手法を、動物園で飼って増やす域外保全にも将来役立てることができると考えています。山でケージ保護により守った家族を動物園に移し、そこで繁殖させて数を増やすという、新しい飼育方法です。山で育てられた経験を持つ個体に動物園で産卵させ、雛を育てさせることにより数を増やし、それらの個体を将来は山に戻すというもう1つの方策です。この方策では、山に戻すにあたり、動物園で雌親に育てられた個体を一定の期間高山の施設で野生の個体と一緒に生活させ、その後に野生個体と一緒に放鳥することになります。

というのは、現在実施している人工孵化《ふか》し、人の手で育てた個体を、将来山に戻すという方策は、さまざまな困難な課題があることがわかってきたからです。

では、次にライチョウの生息する現地で始まっているケージ保護以外の域内保全について紹介します。

第7部 火打山で開始された温暖化対策

分布周辺の山岳、火打山

火打山とその隣の焼山

高山環境は山頂と尾根にわずかのみ

火打山は、日本でもっとも北にライチョウが生息する山岳です。しかも、日本でもっとも生息数が少ない集団で、この40年間は20羽ほどの集団をずっと維持してきました。さらに、火打山は日本でもっとも低い場所でライチョウが繁殖する山岳です。山頂の標高は２４６２ｍで、ハイマツは山頂とそこから延びる尾根筋にわずかしかありません。また、落葉低木のミヤマハンノキやミヤマヤナギの林が山頂まで見られる山です。ライチョウの採食地となるコケモモやガンコウランなどの生えた風衝《ふうしょう》地、アオノツガザクラなどが生えた雪田《せつでん》といった背の低い矮性《わいせい》低木が優占した場所も、山頂や尾根筋にわずかにあるのみです。専門的に言うと、火打山は、亜高山帯上部から高山帯下部に位置する山なのです。日本海に面し、冬の多雪と強い季節風の影響を受け、植物の垂直分布が本来より低い標高に見られる山です。

ハイマツが山頂部と尾根にわずかあるのみの火打山。黒く見えるのがハイマツ。

この火打山にライチョウが生息することがわかったのは、そんなに古いことではありません。今から66年前の1952（昭和27）年、当時高田営林署の丸山茂さんによる発見が最初とされています。

温暖化の影響がもっとも顕著な山岳

最近の調査から、この火打山は、ライチョウが生息する山岳の中でもっとも温暖化の影響が顕著であることがわかりました。そのことに気づくきっかけとなったのは、火打山のライチョウの営巣環境が、他の山と異なることでした。他の山岳では、ほとんどの巣は背の低いハイマツの下につくられます。それに対し、火打山では、枯れ草の中やミヤマハンノキの根元など、多くがハイマツ以外に巣がつくられています。

ただし、以前はそうではありませんでした。1960年代から70年代に火打山で発見された11巣のうち8巣は、ハイマツの下につくられていました。それが　2008（平成20）年以降に発見された13巣は、2巣を除いてすべてハイマツ以外につくられてい

ハクサンシャクナゲとイネ科植物の中につくられた巣

たのです。原因は、ハイマツの背が高くなり、ハイマツに営巣できなくなったためです。現在、火打山には、営巣に適した背の低いハイマツは、ほとんど存在しません。

温暖化の影響は、ライチョウの営巣環境だけでなく、採食環境にも顕著にあらわれています。風衝地《ふうしょうち》や雪田《せつでん》へのイネ科の植物、アザミ類、マルバダケブキといった背の高い植物の侵入です。現在、火打山の山頂と尾根筋には、ヒゲノガリヤス、イワノガリヤス、ヒナガリヤスといったイネ科の植物が優占した草地が広く見られます。それらのイネ科植物が優占した草地には、その根元にコケモモ、ガンコウランが見られる場所が多くあり、かつてそれらの場所はこれらの矮性《わいせい》低木が優占した風衝地であったことを物語っています。また、雪田植生のアオノツガザクラ群落には、イネ科植物の他、イワイチョウの侵入が目立つようになりました。

火打山に次いで、ハイマツ以外に営巣が多いのは、北アルプス北部の立山室堂《むろどう》です。富山雷鳥研究会の調査によると、ここでは発見された巣の3分の1は、ハイマツ以外のチシマ

コケモモとガンコウランの矮性常緑低木に侵入したイネ科植物

ザサやミヤマハンノキなどにつくられており、しかも巣の70％ほどは背丈50㎝以上の植生の中につくられていました。北アルプスでは、北の地域ほど低い標高でライチョウが繁殖しており、分布北限の多雪地で繁殖するライチョウほど、温暖化の影響を強く受けているようです。

過去40年間の気象と植生の変化

火打山の他、妙高山、黒姫山、戸隠山にかけての一帯は、2015（平成27）年3月に上信越高原国立公園から分離独立し、妙高戸隠連山国立公園となりました。この新たに誕生した国立公園を代表するのが火打山と、その隣の焼山に生息するライチョウです。当時の環境省長野自然環境事務所は、2016年からライチョウ保護のため、過去の気象データの収集、火打山の植生調査、ライチョウの生息状況の調査を開始することになりました。植生の現地調査は、新潟県生態研究会が担当することになりました。

気象庁東京管区気象台は、関東甲信越の気候変化を「気候変化レポート２０１５」にまとめています。このレポートをもとに、火打山のふもとにある上越市の高田特別地域気象観測所と関山地域気象観測所のデータの解析がおこなわれました。まず、１９２５（大正14）年以降この地域では、年平均気温は上昇傾向、降水量は減少傾向にあります。また、高田観測所のデータによると降雪量と最深積雪は、１９５５（昭和30）年以後減少傾向にあり、ともに１９９０年以後の減少が顕著でした。さらに、関山観測所の１９７９年以降のデータによると、年平均気温は若干の上昇傾向が見られ、年降水量は減少傾向にありました。

以上の結果から、この地域では、気温の上昇、降水量の減少、降雪量と最深積雪の減少が見られることがわかりました。近年のこれらの気象変化と火打山の植生変化とは関係があるのでしょうか？

旧妙高高原町（現妙高市）は、１９８４年に町内全体の植生調査を実施し、その結果を「妙高高原の植生」にまとめています。この調査を実施したのが、新潟県生態研究会でした。現在、この研究会会長の松井浩さんは、学生のころに火打山を調査され、また大学院生の時には火打山の植生を研究された方です。当時の火打山調査では、山頂付近のハイマツ群落に3地点、ミヤマヤナギ群落に２地点の計5地点に調査枠を設定して植生調査を実施し、その記録が残されています。

当時の調査から32年が経過した２０１６年、松井さんをはじめ新潟県生態研究会の方により、当時と同じ地点で植生調査が実施されました。その結果、ハイマツ群落とミヤマヤナギ群落ともに、当時の結果とは著しく異なることがわかりました。ハイマツ群落では、３地点のうち2地点でハイマツの背丈が高くなっており、ハイマツが地面を覆う割合（植被率）も高くなっていました。この30年ほどの間に、ハイマツは大きく成長していることが確認されました。また、国土地理院撮影の１９７５年と２０１７年の航空写真の比較からも、火打山全体のハイマツ群落の面積増加が確認されました。

一方、ミヤマヤナギ群落では、２地点のうち１地点で、ミヤマヤナギの背丈が高くなっており、下層の草本層《そうほんそう》はミヤマアキノキリンソウ以外、すべて新しい種類の植物に変わっていました。また、１９８４年当時、ミヤマヤナギやミヤマハンノキの背丈が１ｍ以下であった場所で、現在は３ｍを超えている場所があることが確認されました。

さらに、以前に高谷池ヒュッテの管理人をされた築田博さんや地元の方が撮影された過去の写真と現在の写真の比較から、以前にはウサギギクが優占していた場所が、ミヤマハンノキやミヤマヤナギの低木林に変わり、以前のお花畑は見る影もなく変わっていることなど、多くの地点でこの30年間に火打山の植生は大きく変わっていることが確認されました。

高山は、環境の変化に敏感な場所です。この30年間に火打山で起きたこれらの植生変化は、気温、降水量、積雪量などの気象要因の変化と密接に関係していたと考えられます。しかし、具体的にどのような要因が絡み合いこれらの変化を引き起こしたのかは現時点では不明で、その解明は今後の課題です。

2章

イネ科植物の試験除去

イネ科植物除去の試み

２０１６（平成28）年には、新たな場所での枠調査と枠内のイネ科植物の試験除去が実施されました。イネ科植物を試験的に取り除くことで、ライチョウの採食環境の改善に効果があるかどうかを確かめる実験です。ライチョウの採食場所となっている火打山の風衝地《ふうしょう》や雪田《せつでん》に調査枠を設定し、そこでの植生調査とイネ科植物の除去実験が開始されました。

計10個の調査枠が設置され、それぞれの枠の４隅には杭が打たれました。枠の大きさは、大きいものは10ｍ×10ｍ、もっとも小さいものは１ｍ×２ｍです。それぞれの枠は、植生が比較的均一な場所に設置され、各枠の半分からイネ科の植物が除去され、残り半分は対照区としてそのままにしました。最初の調査は６月８日から９日に、環境省の方、新潟県生態研究会の方の他に、あとに紹介するライチョウサポーターズの方も参加し、総勢20人ほどで実施されました。まず、新潟県生態研究会の方により、各枠に見られる植物のリストづくり、それぞれの種類が枠内でどの程度の面積を占めているか（被度）と生え方のまとまり具合（群度）などを調べる植生調査がおこなわれました。その後、枠の半分の面積に生えているイネ科植物の地上部が鎌や手作業により除去されました。

２回目の調査は、８月31日から９月２日に実施しました。前回同様に植生調査をしたあと、ライチョ

調査枠内からのイネ科植物の試験除去作業

ウの餌となるコケモモ、ガンコウラン、シラタマノキなどの結実数を実験区と対照区で数え、そのあとで実験区のイネ科植物の除去が再度おこなわれました。

翌２０１７年には、同じ調査を各枠で実施しました。その結果、翌年には多くの枠でイネ科植物が減少しました。また、秋の結実量は、もとの群落の違いなどにより結果は一律ではありませんでしたが、コケモモ群落の枠などでは、イネ科を取り除いた実験区の方が多くの実をつけていることが確認されました。

この調査は、３年目の２０１８年も続けられます。数年間続けることで、イネ科の除去の効果が検証されることになっています。

人の手で火打山のライチョウを守る

イネ科植物の除去が、ライチョウの採食地となっている風衝地《ふうしょうち》や雪田《せつでん》のコケモモ、ガンコウランなどの矮性《わいせい》低木を復活させる効果があることが確認されたあとは、より広い面積

枯れたイネ科植物の中で行動する火打山の雄

でのイネ科植物などの除去が実施される予定です。しかし、イネ科植物が優占した場所の面積は広大です。当面は、火打山のライチョウにとって重要な採食場所からイネ科植物を除去することとなります。そのためには、ライチョウサポーターズの皆さんなど、多くの人の参加と協力が必要となります。

幸い、イネ科植物の拡大のスピードは、標高が高いこともありゆっくりです。そのスピードに負けないよう、毎年除去を続け、ライチョウの採食環境や子育てに適した開けた環境を取り戻すことは、まだ可能だと思います。それができなかったら、火打山のライチョウを救うことはできないのです。

ライチョウが生息する火打山は、国立公園の特別地域です。そこで、イネ科植物の除去が実施されたことは、大きな意味を持っています。これまで国立公園の保護の基本は、人による影響をなくし、手を加えずにそのままにしておくことに重点が置かれてきました。しかし、現在では、本州中部の高山帯にニホンジカ、ニホンザル、イノシシなどが広く侵入し、すでに南アルプスの高山帯ではおもなお花畑は失われました。また、高山に侵入したキツネ、テン、カラスなどの捕食者に加え、ニホンザルがライチョウの雛を捕食する事態となりました。これらの事態を受け、手をつけずこれまでのようにそのままにしておいたら、世界に誇る日本の貴重な高山の自然は守れないという認識に、大きく変わったのです。２０１７（平成29）年からは、南アルプス北岳周辺の特別保護地域でのキツネ、テンの試験除去、同様に乗鞍岳の特別保護地域ではカラスの試験除去が始まっています。

以上のように、生息現地でライチョウを保護する域内保全は、ケージ保護の有効性がほぼ確認されたのに続いて、現在もっとも絶滅の危険性の高い火打山集団の保護活動が開始され、その保護体制が確立されつつあります。今後は、人が積極的に高山の国立公園内での保護活動にかかわってゆくことになります。

3章 分散で維持される分布周辺の集団

なぜ火打山の集団は絶滅しないのか

２００１（平成13）年以降ライチョウの生息する山でのなわばり分布と生息数の調査を再開しました。その調査の一環で、２００２年には火打山を調査しました。羽田先生が以前に実施したのと同じ方法による調査です。

調査の結果、計8なわばり21個体が生息することがわかりました。この結果から、大変奇妙なことに気づきました。羽田先生が１９６７（昭和42）年に調査した時の火打山のなわばり数は7で、生息数は18羽でした。その後、新潟県野鳥愛護会が１９７５年に調査した結果は、９なわばり23個体でした。今回は、８なわばり21個体です。羽田先生の最初の調査以来40年間に火打山のなわばり数と生息数は、ほとんど同じだったのです。

これは、考えてみると大変不思議なことです。生息が確認されて以来60年以上が経過している火打山のライチョウが、この40年間、数が20羽前後の小集団で安定しており、絶滅せずに存続しているのはなぜでしょうか？　これには、

北アルプス白馬乗鞍岳からの頸城山塊

何か特別な理由があるに違いないと考えました。

考えついたことは、まわりの山岳との位置関係です。火打山は、南の飯綱山、戸隠山から続く黒姫山、妙高山、焼山、雨飾山などを含む頸城山塊の一番北の山です。頸城山塊の西には、日本最大の繁殖集団がある北アルプスが位置します。北アルプスと頸城山塊の間の最短距離は、14・7㎞です。この距離でしたらライチョウは飛んで移動できます。また、頸城山塊の各山は、もっとも離れている黒姫山と妙高山との間でも8・7㎞で、いずれの山の間でも移動が可能です。そのことから北アルプスと頸城山塊の間では、個体の移動があり、北アルプスの大集団から頸城山塊に個体が時々供給されているのではないのか？

そう考えたのは、火打山と焼山以外のすべての頸城山塊の山で、繁殖は見られないにもかかわらず、冬から春先にライチョウが観察された記録があるからです。もっとも南の飯綱山でさえ、1965年3月下旬と2013年1月中旬の2回、いずれも一時的ですがライチョウが観察されています。

北アルプスから頸城山塊に移動してきた個体にとって、繁殖できる場所があるのは北の端の火打山とその隣の焼山しかありません。そのため、北アルプスから移動してきた個体は、最終的に繁殖可能なこの2つの山に集まってくるものと考えられます。しかし、ライチョウはなわばりを確立し繁殖するので、空きがあれば繁殖でき、なかったら繁殖できません。ですから、火打山と焼山は、北アルプスから移動してきた個体が吹き溜まる場所で、そこになわばりを確立できる数は限られるので、わずかな集団が安定的に維持されるという「吹き溜まり説」を論文に発表しました。

この仮説は、はたして本当でしょうか？ ２００１年から乗鞍岳で標識調査を開始したあと、２００４年からは減少の著しい南アルプスの白根三山でも標識調査を開始していました。さらに、２００７年秋からは、分布周辺の集団である火打山でも標識による本格的な調査を開始することにしました。

火打山での10年間の標識調査

２００２（平成14）年の調査のあと、２００８年からは毎年火打山のなわばり数を調査することになりました。２００８年の火打山のなわばり数は13で、6年前の8なわばりよりも増えていました。さらに、その翌年の２００９年には18なわばりと、さらに増えたのです。標識した個体と未標識個体では、見つかる確率は同じと仮定し、繁殖個体数を推定してみました。その結果、２００８年は雌雄合計27・7羽、翌2009年は40・7羽と推定されました。火打山では20羽ほどの小集団で安定していると考えていましたので、この急激ななわばり数と繁殖個体数の増加には大変驚きました。

さらに驚いたことに、2008年には13なわばりのうち2つ、2009年は18なわばり中3つ、2010年には14なわばり中3つが一夫二妻でした。ライチョウは基本的に一夫一妻ですが、まれに一夫二妻が見つかることがあります。それが3年連続で一夫二妻が確認され、しかもかなりの頻度で見られたのです。

標識調査からはさらに、雄よりも雌のほうが多いことがわかりました。2008年は雄11・2羽、雌16・5羽で、翌2009年は雄19・0羽、雌21・7羽という結果でした。雌に対する雄の割合は、それぞれ0・68、0・88でした。一般的にはライチョウの性比はこの逆で、雄のほうが多く、性比は1・0以上が普通です。その理由は、子育ての負担により雌のほうが雄より死亡しやすいためでした。一夫二妻が多く見られたのは、雌の数が雄を上回っていたためでした。

これらはいずれも、まったく予想外の結果でしたが、2008年と2009年の数の増加は、火打山だけでなく、乗鞍岳でも同じことが起きていました（P141・図8）。乗鞍岳で2009年に数が増えたのは、その前年の2008年に梅雨明けが早かったため、孵《ふ》化《か》後の雛の生存率が高く、多くの雛が翌年まで生き残ったためでした（P146・図10）。

では、同じ2008年と2009年に火打山でも数が増加したのはなぜでしょうか？ 2008年8月上旬の雛の生存率は38％で、同じ時期の乗鞍岳の78％ほど高い値ではありませんでした。ですので、2008年は梅雨明けが早かったので火打山でも雛の生存率が高く、翌年まで多くの雛が生き残ったからとは考えにくいのです。

2008年と2009年の数の急激な増加のあと、2010年以降は乗鞍岳と同様に火打山でも、減少に転じました。数の減少にともない、性比にも変化が起こりました。2010年には、雄14・9羽、雌13・8羽で、その比率は1・08とほぼ同じになり、2011年以後は雄のほうが多い状態になりました。それにともない、2012年以降一夫二妻は見られなくなりました。ところが、同じように増加し、その後減少した独立峰の乗鞍岳では、火打山で見られたような性比の著しい変化は、この間に見られていません。

では、2008年と2009年の火打山での急激な数の増加と雌の一時的な増加は、なぜ生じたのでしょうか？ 2008年に火打山で育った雛が多かったので増えたとしたら、乗鞍岳の場合と同様、性比には大きな変化が起こらなかったでしょう。考えられることは、2008年には北アルプスでも雛の生存率が高かったため、多くの雌が北アルプスから頸城山塊に分散してきたことです。

2009年には、乗鞍岳から西に70㎞離れた白山でも雌1羽が70年ぶりに発見されました。のちにこの雌を捕獲し、採取した血液からDNAを調べたところ、この雌は北アルプスから飛来したことがわかりました。2008年には乗鞍岳と同様、北アルプスでも雛の生存率が高かったため、多くの雌が頸城山塊、さらには遠く白山まで分散したと考えられます。それは、このあとで詳しくふれるように、雄のライチョウは生まれた場所にとどまる傾向が強く、雌のほうが遠くまで分散する性質を持っているからです。

では、いったん移入により増加した火打山のライチョウが、その後減少し、相対的に雄の割合が増加したのはなぜでしょうか？　それは火打山での雛の生産は多くはなく、そのため成鳥の死亡に若鳥の生産が追いつかず、おそらく新たな移入もなくなったためと考えられます。最初雌のほうが多くても、雌は死亡率が高いので、しだいに雄のほうが相対的に多くなったと考えられます。その結果として、一夫二妻が見られなくなったあとは、独身雄の割合が多くなったと考えられるのです。

ライチョウ平にいなくなったライチョウ

火打山に登る人の多くは、笹ヶ峰牧場にある登山口から登ります。登山者がまず目指すのは、高谷池ヒュッテです。そこで休んだあと、次に火打山を目指します。天狗の庭と呼ばれる景色のよい湿原を過ぎ、尾根筋の登山道を登り、その最後の急登を登りきったところに「ライチョウ平」の看板があります。尾根に沿って細長く開けた場所で、以前はそこに登山道があったのですが、今は尾根筋に道がつけられています。この尾根に沿った開けた場所は、ライチョウとよく出合えるのでライチョウ平と名がつきました。しかし、最近は、登山者がそこでライチョウを見かけることはなくなりました。

火打山でライチョウの調査を始めて10年になり、気づいたことのもう1つは、年々ライチョウが見られる場所の標高が高くなっていることです。そのことを確かめるため、２００２（平成14）年と２００９年以後10年間にライチョウが観察された場所の標高を検討してみました。結果は、まさに私

ライチョウを見ることができなくなったライチョウ平

が感じていたとおりでした。

５〜６月の繁殖期にライチョウ平で観察された個体は、単独かつがいの2羽で、多くても3羽です。２００２年と２００８年から２０１０年までは、標高２２００m以下でも観察されていますが、２０１１年以降は観察されなくなっています。また、２０１５年以降は、ライチョウ平のある標高２３００m以下ではほとんど観察されなくなり、なわばりも形成されなくなっています。各年に観察された個体の平均標高を見ると、年による上下はあるものの、２００２年の平均２３２２mから２０１７年の２３７２mまで、この15年間に50mほど高くなっています。

同じように10月と11月の秋にライチョウが観察された場所の標高を検討してみました。この時期は、家族が崩壊し、雄と雌の他、その年生まれの若鳥が集まって秋群れを形成する時期です。２００７年と２００８年には、ライチョウ平のある標高２２７５mから２３００mに7羽から10羽の群れが観察されています。しかし、２００９年には2羽以上の群れは

ライチョウ平のアオノツガザクラ群落に侵入したイネ科植物

観察されなくなり、２０１０年以降はライチョウ平では、ライチョウがまったく観察されなくなりました。ライチョウが観察される場所が、繁殖期だけでなく秋にも高いところに年々移っていました。

　ではなぜ、火打山でライチョウが観察された場所は、年々高い場所に移ったのでしょうか？　その理由は、ここ数十年間に起きている気候変動にともなう火打山の植生の変化が原因と考えられます。気候変動により、ライチョウの生活できる環境、特に餌場となる風衝《ふうしょう》地や雪田《せつでん》といった矮性《わいせい》低木が優占した開けた環境にイネ科植物などの背の高い植物が侵入した結果、標高の低い場所からライチョウの餌場となる環境が失われたからです。ライチョウ平は、イネ科植物などの侵入と繁茂により、たった10年の間にライチョウが採餌《さいじ》できる環境ではなくなりました。

貴重な火打山の集団

　火打山のライチョウは、日本最北の繁殖集団であり、かつ最小の集団です。遺伝的には、ここでしか見られないハプロタイプ（系統）を持ち、氷河期以来分化した北アルプスの集団と南アルプスの集団の中間に位置する、日本のライチョウの祖先集団の生き残りと考えられる貴重な集団です。

その集団が、発見されて以来70年近くにわたり今日まで絶滅せずに存続してきました。しかし、現在いつ消えてもおかしくない状態まで数が減少しました。２０１７（平成29）年の火打山のなわばり数は5、生息数は15羽でした。調査開始以来もっとも少ない数です。高谷池ヒュッテの従業員の方の話では、最近は登山者が火打山でライチョウを見たとほとんど聞かれなくなったそうです。２００８年から２００９年に起こった北アルプス集団からの移入が今度いつ期待できるかわかりません。次に北アルプスの集団からまとまった数の移入が見られたとしても、生息環境がなくなっていたら、二度と復活することはないでしょう。

環境省が、火打山のライチョウ保護のために、イネ科などの植物除去により生息環境の改善に取り組むことになったわけが、これでおわかりいただけたと思います。

雄より雌のほうが遠くに分散

最近の研究で明らかになったことの1つは、ライチョウは雄よりも雌のほうが遠くに分散することです。そのことに最初に気づいたのは、乗鞍岳での標識調査からでした。雛は秋に親から独立したあと、翌年1歳となるまでの間に生まれた場所から分散します。乗鞍岳は、独立峰のため、他の繁殖集団への移動はありません。親から独立する前に標識した雛が、生まれた場所から翌年以降に繁殖した場所までの距離を雌雄で比較してみました。その結果は、同じ乗鞍岳の中でも22羽の雄の平均は572mであったのに対し、23羽の雌は1521mで、雌のほうが遠くまで分散していたのです。

南アルプス白根三山の標識調査の結果でも同様でした。白根三山は乗鞍岳のように独立峰でないため、ここのライチョウはより遠くまで分散が可能です。これまでに、足輪により長距離分散が確認された例が5例あります。白根三山で標識した雛の仙丈ヶ岳《せんじょうがたけ》への移動が1例、鳳凰《ほうおう》三山の薬師ヶ岳への移動が1例、南アルプスの南端に近い上河内岳への移動が1例。さらに、仙丈ヶ岳で標識した雛の白根三山の間ノ岳《あいのだけ》と中白根山への移動がそれぞれ1例です。5例とも雌で、雄では今のところ見られていません。もっとも長距離移動したのは、仙丈ヶ岳から上河内岳へ移動した37・4㎞でした。山岳が連続していたら、南アルプスの北の端から南の端まで移動可能なのです。さらに、繁殖していない山岳に冬から春先にかけてライチョウが一時的に観察された例がいくつかありますが、これらもほぼ例外なく雌であることがわかりました。

雌のほうが生まれた場所からより遠くに分散するのは、ライチョウだけでなく、鳥の一般的な傾向です。それに対し、哺乳類では逆に雌のほうが生まれた場所にとどまり、雄のほうが遠くに分散する傾向を持っています。人は哺乳類の中では例外です。男性が家を継ぎ生まれた場所にとどまり、女性が嫁に行くという形で遠くに分散する傾向を持っています。どちらかの性がより遠くに分散するのは、近親交配による弊害を避けるための動物一般に見られる傾向なのです。

山岳間での個体の移動

日本最北端の繁殖集団である火打山の集団は、70年近く続いていますが、北アルプスの大集団からのまとまった数の移入が時にはあることがわかりました。日本最南端の繁殖地、光岳《てかりだけ》の隣に位置するイザルガ岳で繁殖が確認されたのは１９８４（昭和59）年のことです。その後、イザルガ岳を含む南アルプス南端地域での繁殖状況は、静岡ライチョウ研究会により２００７（平成19）年から毎年調査されています。それによると、イザルガ岳周辺では、多い年には２つがいが繁殖した年もありましたが、繁殖が途絶えることもあり、最近では２０１２年から5年間繁殖が途絶えていたあと、２０１６年に1つがいの繁殖が確認されました。この最南端のイザルガ岳周辺では、南アルプスの大きな集団からの個体の供給により断続的に存続していると考えられます。

南アルプスの鳳凰《ほうおう》三山は、日本でもっとも東のライチョウ繁殖地です。ここでは１９８３年を最後に30年近く繁殖が途絶えていましたが、２０１２年と２０１３年に繁殖が確認され、その後は現在まで見られていません。ここでも、南アルプス集団からの分散個体により一時的な繁殖が見られているにすぎません。さらに、日本でもっとも西の繁殖地は白山でしたが、いったん絶滅したあと、２００９年に70年ぶりに雌1羽が確認されました。この雌は、北アルプスから分散してきた個体で、その後6年間生息が確認されたあと、いなくなっています。北アルプスから70㎞ほど離れているため、雌雄が揃うことなく、繁殖にはいたっていません。

これら分布の端にあたる山岳では、生息可能な環境が狭いため、まとまった数の集団を維持できず、

火打山山頂から北アルプス方面を展望

いずれも北アルプスや南アルプスの大きな母集団からの分散によって維持されているか、または断続的に繁殖が見られていることがわかります。ライチョウに飛翔力があまりないので、その母集団からの距離が重要で、近くに母集団があるイザルガ岳では繁殖が途絶えても数年で回復しますが、遠く離れるにつれ回復は長引き、困難となることがわかります。

これまで絶滅が起きている八ヶ岳、白山、中央アルプスは、いずれも北アルプスと南アルプスの集団からは離れた山岳です。これら2つの母集団で環境が悪化し数が減少すると、そこから分散してくる個体は少なくなるので、分布周辺の集団ほどその影響を受け、絶滅が起きやすくなると考えられます。そのため、分布周辺の山岳での繁殖状況を今後はいっそう注視していくことが、日本のライチョウの今後の動向を知るうえで重要になると言えるでしょう。

以上、現在実施されている域内保全策と各繁殖集団間の関係、さらにそれぞれの集団の現状について概観してきました。では、この生息現地での域内保全をサポートする、もう一方の動物園で飼って増やす域外保全のほうはどうなっているのでしょうか？

第8部 動物園で飼って増やす域外保全

提供：大町山岳博物館

1章 ライチョウ飼育の歴史

飼育の歴史

高山で捕らえたライチョウを平地で飼育する試みは、江戸時代から始まっています。1716（享保元）年のころ、幕府の命により乗鞍岳で10羽を捕らえたものの、江戸まで生きたまま運べたのはわずかで、それも幾日もたたず死亡したことが記されています。その後も乗鞍岳、八ヶ岳、白山で捕らえたものを飼育する試みがなされていますが、飼育できたものでも長くて半年ほどでした。当時は、どんなものを食べているかなど、ライチョウに関する知識がなかったため、山から下ろし平地で飼育することは困難であったことがわかります。

明治期に入ってからも同様の試みがなされ、槍ヶ岳で捕らえた2羽のうち1羽は、1年間近く飼育されたことが1906（明治39）年発行の「信濃博物学雑誌20号」に報告されています。

ライチョウの本格的な飼育が始まったのは、戦後になってからで、1963（昭和38）年に大町山岳博物館が平地飼育を開始しました。その後1966年からは富山県が夏の間は立山の現地で飼育し、冬には平地に下ろしての飼育を実施しました。さらに、1969年には、山梨県が南アルプス北岳の現地で飼育したものをその後平地に移して飼育することを試みています。

これらのうちもっとも長期間にわたり平地飼育を試みたのは、大町山岳博物館でした。ですので、環境省により最近始まった域外保全について紹介する前に、ここでの取り組みを先に紹介しておきます。

大町山岳博物館での40年にわたるライチョウ飼育

大町山岳博物館は、1951（昭和26）年に開園し、1963年からは北アルプス爺ヶ岳《じいがたけ》で卵を採取し、ライチョウの平地飼育を開始しました。この飼育事業は、第4世代までの飼育に成功しましたが、安定的に数を維持するにいたらず、育てたライチョウを野生に戻すことはできませんでした。

2004（平成16）年には、最後の個体が死亡し、40年以上にわたるライチョウ飼育事業は終了しました。安定飼育にいたらなかった最大の理由は、細菌やウイルスによる感染症の問題を克服できなかったからです。寒冷な環境である高山帯に生息するライチョウは、病原菌に対する耐性が低く、平地での飼育は、感染症にかかりやすかったのです。

スバールバルライチョウの飼育

その後しばらく、ライチョウ飼育は途絶えていたのですが、2012（平成24）年に環境省により「ライチョウ保護増殖事業計画」が策定されたことで、域内保全とともに域外保全も開始されました。この新たな域外保全の取り組みは、日本動物園水族館協会（以下、日動水）加盟の動物園が担当することになりました。また、この新たな取り組みは、最初から日本のライチョウを飼うのではなく、海外のスバールバルライチョウの飼育から開始することになりました。まず、スバールバルライチョウを飼育し、飼育の経験を積んでから、日本のライチョウの飼育に入るという計画です。

スバールバルライチョウは、北極に近いスバールバル諸島に生息するライチョウです。日本のライチョウと種類は同じですが、別亜種のライチョウです。このスバールバルライチョウを飼育することになったのには、いくつかの理由があります。ノルウェーのトロムソ大学にある極地研究所では、すでにこの亜種の飼育技術を確立していたこと、そしてこの研究所から卵をもらうことができたからです。スバールバルライチョウの飼育は、保護増殖事業に先駆け、２００８年から上野動物で始まっていました。その後、この外国亜種の飼育は、上野動物園のほか、多摩動物公園（東京都）、富山市ファミリーパーク（富山県）、いしかわ動物園（石川県）、大町山岳博物館（長野県）、長野市茶臼山動物園（長野県）、横浜市繁殖センター（神奈川県）、那須どうぶつ王国（栃木県）の8園に増え、飼育の経験がすでにかなり積まれていたからです。

2章 ライチョウ飼育の再開

どこの山からいくつ採卵するのか

スバールバルライチョウの日本での飼育が始まってから7年、保護増殖事業計画策定から３年がたった２０１５（平成27）年、ついに日本のライチョウの飼育に着手することになりました。大町山岳博物館でのライチョウ飼育が中断してから11年目でした。

日本のライチョウの飼育を始めるには、まず山からライチョウの親または卵を取ってこなくてはいけません。検討の結果、親ではなく、卵を採取し、人工孵化《ふか》することから始めることになりました。卵の採取場所は、乗鞍岳に決まりました。乗鞍岳は、われわれの長期的な調査により、数が比較的安定した集団であることがわかっています。また、乗鞍岳の集団は、標識調査が実施されており、足輪による個体識別が可能で、採卵した親の年齢やつがい相手などが特定できること、そして何よりも車で高山帯まで行けるため、卵の輸送が容易なことなど、採卵をおこなう条件が整っていたからです。

採卵する卵の数は、計10卵に決まりました。野生では10個の卵から平均して１羽程度しか成鳥になりません。成鳥１羽分であれば、野生集団への影響は少ないという判断からです。採取した10卵は、上野動物園と富山ファミリーパークにそれぞれ5卵を搬送し、そこで人工孵化し、雛を育てることになりました。上野動物園への5卵は、抱卵開始前の未発生卵を、富山ファミリーパークへの５卵は、発生が進行した孵化直前の卵を採取することになりました。また、1巣からの採卵数は、多くても2卵と決まりました。採卵する親個体への影響を少なくし、かつ創始集団の遺伝的多様性を高くするためです。

産卵中の巣を探せ！

卵の採取にあたっては、1つの大きな問題がありました。計画通りに卵を採取するには、抱卵に入る前の産卵中の巣を多数見つける必要があったからです。上野動物園に輸送する5卵は、抱卵開始前の未発生卵ですので、産卵途中の巣からの採取となります。それだけでなく、富山ファミリーパークへの5卵の採取にあたっても、あらかじめ孵化《ふか》日がわかっている巣からの採取となります。孵化日を推定するためには、巣を産卵中に発見し、いつから抱卵を始めたのかを知る必要があるからです。

われわれはライチョウの巣の発見には、乗鞍岳で大変苦労した経験を持っています。2006（平成18）年から2013年に計91巣発見することができましたが、その後も巣探しを継続し、2014年までにちょうど100巣を発見していました。しかし、このうち95巣は抱卵中に発見したもので、産卵中に発見した巣は5巣だけでした。しかも、それら5巣はすべて、歩いていて足元からライチョウが飛び出したことで偶然に発見したものや、偶然雌が卵を産みに巣に入るところを目撃できたものです。つまり、これまで産卵中の巣を探そうとした経験をわれわれはまったく持っていなかったのです。

計画通りに10卵採取するには、産卵中の巣をいくつ発見する必要があるのかを、まず検討してみました。上野動物園の5卵を採取するには、1巣から採取できる数は2卵のため、最低でも3巣の発見が必要です。富山ファミリーパークへの5卵は、同様に3巣というわけにはいきません。産卵中に巣を発見しても、その巣が抱卵を開始し、23日間後に孵化日を迎える前までの間に、捕食されてしまう可能性があるからです。ですので、孵化直前の5卵を採取するためには、安全を見込んで2倍の6巣の産卵中の巣の発見が必要です。さらに、孵化直前の卵の採取は、可能な限り孵化予定日が近いことが理想です。孵化日が違っていたら、その後の雛の飼育に支障をきたすからです。孵化日を知ることができた抱卵後期の巣の中から、できるだけ孵化日の近い3巣を選んで5卵採取することになります。つまり、これらの条件を満たすには、最低でも産卵中の12巣の発見が必要という結論になりました。

どうしたら、12巣もの産卵中の巣を発見できるだろうか？ とてつもない未知の課題に直面しました。大町山岳博物館での飼育から、ライチョウはほぼ2日おきに産卵することがわかっていました。6卵を産むには、12日間ほどかかります。この間に巣を発見しなければなりません。しかし、乗鞍岳での経験から、産卵中に雌親はたびたび巣を訪れているのではないことはわかっていました。産卵中の雌は、2日間に1回だけ、しかも産卵の時だけ巣を訪れると予測しました。しかし、産卵中の雌がいつの時間帯に巣を訪れるのか、1回の産卵にどのくらいの時間がかかるかなど、雌の産卵行動については、いっさい不明でした。

こうなったら産卵中の巣を発見する方法は、1つしかありません。産卵をする時期に雌を発見し、朝から夕方まで1日かけ、その雌の行動を追跡し、雌が産卵のため巣に入るのを確認する方法です。この方法は、近くからの行動観察が可能な、日本のライチョウのみで可能な方法です。その雌が産卵中の雌であったら、2日間追跡したら、その間に一度は、産卵のため巣に入るはずです。この途方もない雌の行動観察を、これまでのように小林君と私でやっても、目標の12巣を見つけ出すことは不可能です。大勢で雌の行動追跡をおこなうことが必要です。

保護増殖事業を推進する環境省、将来ライチョウ飼育を担当する可能性のある動物園の方など、大勢の方がこのとてつもない事業に参加し、産卵中の巣探しを実施することになりました。

産卵中の巣をようやく発見

乗鞍岳では、6月中ころには多くの雌が抱卵に入っています。そのため、産卵は6月上旬に集中すると予測し、この年の産卵中の巣探しは、6月1日から15日に設定しました。次は、この間の人員の確保と配置です。人によりそれぞれ都合があります。ことに動物園の関係者の方は、それぞれ動物の飼育の仕事があり、長期間の出張はできません。日動水、環境省、それにわれわれ研究者が分担し、この間の人の確保と配置計画を取りまとめました。

巣探し調査開始前日の5月31日、乗鞍岳中腹にある位ヶ原《くらいがはら》山荘に第一陣の関係者20人ほどが集まりました。その日の夕方、ライチョウの基本的な生態や巣探し方法の説明と意見交換がおこなわれました。われわれの事前調査により、この年の乗鞍岳のなわばり数は計63で、このうち20なわばりが巣探しをする候補として選ばれていました。高天原《たかまがはら》がある南の地域と畳平《たたみだいら》バスターミナルを中心とした北の地域の2つに分け、この2つの地域を2人一組がそれぞれのなわばりに張りついて雌の行動を追跡することになりました。

翌6月1日朝6時、いよいよ巣探しが始まりました。この時期は年間で昼間の時間がもっとも長い時期です。初日は午後4時で調査を終了することにしました。雌を見つけても、離れた位置から雌を見失わずに観察することは、初めて経験する多くの人には難しい作業でした。班によっては、そもそも雌が見つからず、見つかっても雌を長時間見失ってしまい、その間どこにいたかわからない班もありました。この日は、巣の発見に結びつくような情報は、何も得ることができませんでした。夕食後のミーティングで各班の報告を聞き、改めてこの調査の難しさを実感しました。

しかし、翌6月2日、事態が大きく動きました。午前10時45分、雌が背の低いハイマツに入ってから出てこないとの連絡を受け、そのなわばりへ急ぎ駆けつけました。話を聞くと、10時5分ころに雌が背の低いハイマツに入ったこと、雌は初めの20分くらいは1か所でごそごそ動いていたが、その後はまったく動かなくなったとのことでした。雌が卵を産んでいると確信し、観察者とともに雌が巣から出るのを待ちました。11時45分から再びハイマツの枝が揺れ始め、雌がハイマツに入ってから1時間55分後の12時を過ぎたころ、いきなり雌がハイマツから飛び出してきました。この間、雄は近くの岩の上でずっと雌を待っており、雌が飛ぶとそのあとを追って飛び去っていきました。

雌が飛び出したハイマツに近づき、付近の地面を慎重に探すと、ついに最初の巣が見つかりました。

産卵のため巣に入った雌を観察中。雄は岩の上で見張りをする。

卵の上には、ハイマツの枯れ葉などがかけられ、卵が見えない状態になっていました。それらを取り除くと、4卵が出てきました。

この発見に一同大いに喜び、この日の夜のミーティングでは、作戦通り雌を追跡することで産卵中の巣を発見できることを、皆で確認することができました。

さらに、翌6月3日にも2つの巣を発見できました。この2つの巣も、前日に発見した巣と同様、雌が巣に入ったのは8時半と9時55分といずれも午前中で、巣での滞在時間はそれぞれ2時間10分と1時間50分で、同様に約2時間でした。2つの巣の卵数は、それぞれ2個と4個でした。間違いなく産卵中の巣です。観察を初めて3日目で、当初の目的の上野動物園に輸送する5卵を採取する巣を確保できたのです。

この年は、雪解けが早かったため、想定していたよりも産卵は早く始まっていました。そのため、上野動物園に輸送する卵の採卵を急きょ6月5日に早めました。

6月5日は朝から天候が悪く、準備を整え車に乗った時に

4個目の卵を産んだ直後に発見した産卵中の巣。ハイマツの枯れ葉がかけられていた。

は、季節外れの雪が降り始めていました。0度近い気温の中、3つの巣を順番にめぐり、無事5卵を採卵できました。上野動物園の輸送車まで無事に卵を運び、あとは飼育を担当する方にすべてをお任せすることになりました。

次は、富山ファミリーパークへ輸送する5卵を採卵する巣の確保です。その後、4日から9日までに新たに計11巣を発見できました。しかし、確実に産卵中に発見できた巣は2つのみでした。ただし、巣探しは同じなわばりで連日実施していたので、抱卵に入った日に発見された巣や、抱卵に入り2、3日しかたっていないことが確実な巣もいくつかあり、多くの巣で孵化《ふか》日をほぼ推定できることがわかりました。そのため、当初の目的は達成できたと判断し、巣探し調査を予定より6日早く終了することになりました。あとは、採卵予定の巣が1つでも捕食されないことを祈るばかりです。

この調査では、採卵をする予定数の巣を発見できただけでなく、産卵中の雌ライチョウの行動について、貴重な知見を得ることができました。

最初の卵を産んだころの巣はお椀形

追跡した雌が巣に入ったのは、産卵中に見つけることができた5巣すべて午前8時から12時の間で、多くの雌は午前中に産卵していることが判明しました。次に、巣に入ってから1卵を産み終えて巣から離れるまでの時間はおおむね2時間でした。雌が、ハイマツ群落に入ってごそごそしていたのは、卵にかけたハイマツの枯れ葉などをくちばしで取り除き、新たな卵を産むための準備をしていたからでしょう。逆に巣を出る前に雌が動いてハイマツの枝が揺れていたのは、産み終わった卵に再びハイマツの枯れ葉などをかけて隠していたためと考えられます。

卵の掘り出しと埋設に30〜40分かかるため、ライチョウが1つの卵を産むのにかかる時間は1時間から1時間半程度でした。また、最初の卵が産まれた時には、巣はお椀《わん》形でしたが、卵数が増えるにつれて、卵にかけられた枯れ葉で巣が埋まり、皿形に変化することがわかりました。これらの貴重な結果は、環境省、動物園関係者をはじめ、ボランティア、山岳ガイドの方々を含めた計31人の方の努力で解明されたもの

卵を産み終えたころの巣は皿状に変化

です。

富山ファミリーパークに輸送するための卵の採取は、巣探し調査終了から約2週間がたった6月23日におこなわれました。飼育担当の方に卵を引き渡し、われわれの役目はすべて終わりました。しかし一息をつく間もなく、小林君と私には、南アルプスの北岳でこの年初めて実施するケージ保護という次の大きな事業が待っていました。

3章 動物園での数の確保

飼育第1号の孵化《ふか》

動物園の担当者に渡された卵は、ただちにそれぞれの動物園に輸送されました。上野動物園に未発生卵を運ぶ際には、卵が温まり発生が進まないよう10度、富山ファミリーパークに発生が進行中の卵を運ぶ際には、発生が止まらないよう37度に保って輸送されました。運ばれた卵は、ただちに人工孵卵器《ふらんき》に入れられ、孵化の時を待つことになりました。

6月27日夕方から28日早朝にかけ、上野動物園に運ばれた5卵がいっせいに孵化しました。富山ファミリーパークでは、3個の卵が6月27日に、1卵が少し遅れて7月2日に孵化しました。残念なことに、富山ファミリーパークの残り1卵は、孵化しませんでした。野生下でも、捕食されなかった巣の卵の約1割は、孵化せずに巣に残されていますので、10卵のうち9卵が孵化したことは、人工孵化はおおむね成功したと言えます。

次は、生まれた雛を無事に育てることです。飼育員の方は、雛が生まれたばかりのころは泊まり込みで世話をする日が多かったと聞いています。しかし、その大変な努力にもかかわらず、富山ファミリーパークで飼育していた1羽が孵化7日目に死亡しました。一方、上野動物園で孵化した5羽は、1羽も死ぬことなく孵化50日目まで育ちました。孵化後の死亡しやすい時期を無事に乗り越えたので、もう大丈夫と考えていました。ところが、9月に入り、急に体調を崩し、つぎつぎに5羽の雛すべて死亡したのです。

小林君と私は、この時アイスランドにいました。そこで開催された国際ライチョウシンポジウムに参加しており、上野動物園の5羽の雛死亡という連絡を受けました。もう大丈夫と思っていただけに、大変なショックを受けました。大勢の方が協力し、寒い乗鞍岳で巣探しを実施し、やっと確保できた10卵であることを思うと、残念と言うしかありません。

孵化した9羽の雛のうち6羽が死にましたので、残されたのは富山ファミリーパークで飼育している3羽のみとなりました。さらに残念なことに、残された3羽は、すべて雄であることがわかったのです。これにより、育てた雛に卵を産ませるという翌年からの人工飼育下繁殖の可能性は絶たれました。事業を継続するには、また乗鞍岳から卵を採取してこなければなりません。

二度目の採卵

保護増殖検討会議では、初年度のこの結果を受け、雛の死亡原因の解明と今後の改善点が検討され、翌2016（平成28）年に再度乗鞍岳から卵を採取することになりました。採取する卵数は、10卵から12卵に増やし、飼育園を上野動物園と富山ファミリーパークの他に、ライチョウの飼育経験のある大町山岳博物館も加え、3園館でおこなうことになりました。3園で4卵ずつ孵化《ふか》させ、飼育するという計画です。そうしたのには、1つの飼育園で感染症が出てしまった時などに、多くの雛を一度に

大町山岳博物館で人工孵化し育てたライチョウの雛（提供：大町山岳博物館）

失うリスクを回避する意味がありました。また、大町山岳博物館は、２００４年までライチョウを飼育していましたので、その経験を生かし、上野動物園と富山ファミリーパークとは異なる、独自の手法で飼育をすることにしたのです。

２０１６年は、採取する卵の数が増えましたが、前年の調査によりライチョウの産卵行動の概要を把握できていたので、効率的な巣探しが実施でき、この年も多くの方にお手伝いいただき、予定していた12卵を採取できました。これらの卵は、無事孵化し、雛は順調に成長し、野生であれば雌親から独立する9月末まで12個体すべてが無事に育ちました。その後、12月に大町山岳博物館の個体が飼育舎の窓から逃げ、1個体が行方不明になってしまった以外は、すべて11個体が冬を越え、２０１７年の繁殖期を迎えることができました。

2世代目の飼育に成功

次の目標は、飼育下で第2世代を誕生させることです。この年に1歳となり繁殖期を迎えた個体は、３つの飼育園とも雌は1羽でした。それぞれの園にいる1羽の雌に卵を産ませることになりました。これに加え、富山ファミリーパークには、２０１５（平成27）年に採卵し育てた雄が３羽います。飼育員の方の努力のかいあって２０１７年には、22羽の雛が誕生しました。そのうち10羽は孵化《ふか》後２週間以内に死亡しましたが、以後残りの12羽（雄４羽、雌８羽）は、孵化から半年を経過した２０１８年４月現在まで順調に育っています。現在の飼育数は、雄15羽、雌11羽の計26羽です。２０１８年は、これらの個体による第３世代の飼育挑戦がおこなわれます。

しかし、これで生息域外保全の目標が達成されたわけではありません。飼育により数を増やす見通しが見えてきただけです。域外保全の最終目標である飼育個体の野生復帰に向け、ようやくその入り口に立ったにすぎないのです。

域外保全の今後の課題

飼育により数を増やす見通しがたったとはいえ、まだ多くの課題があることが見えてきました。まずは、人工孵化《ふか》させた雛の初期段階での死亡をなくすことができない点です。前述のように1歳となった雌から孵化した雛22羽のうち、10羽は初期段階で死亡しています。この点は、大町山岳博物館での飼育のころから、またスバールバルライチョウの飼育でも共通した課題でした。この問題が克服できたら、飼育の効率はずっとよくなります。

２つ目は、人工飼育した1歳の雌個体が産んだ卵と野生の個体が産んだ卵では、孵化率に大きな差があったことです。乗鞍岳から2年間に採取した計22卵のうち、孵化しなかったのは1卵のみでした。孵化率は、95%です。それに対し、飼育1歳雌が産んだ卵の孵化率は、37%（60卵のうちの22卵）でした。どちらも、同じように孵卵器《ふらんき》で孵化させています。野生個体に比べ、飼育1歳雌が産んだ卵のほうが明らかに卵の孵化率は低く、卵の質が悪いことがわかりました。

もう1つ野生雌と飼育1歳雌で違う点は、産んだ卵の数です。乗鞍岳の野生個体の産卵数は、平均で5・82卵、最大でも8卵でした。それに対し、飼育1歳雌3羽が産んだ卵は、それぞれ22、20、18卵で、野生雌の約3倍でした。飼育個体のほうがはるかに多くの卵を産んだのです。しかし、3羽の雌が産んだ計60卵のうち、20%（12卵）は未受精卵で、無事孵化したのは37%だったのです。たくさん産んでも、たくさんの雛は生まれなかったのです。飼育個体に質の高い卵を産ませるには、産む卵の数を野生個体のようにもっと少なくする必要がありそうです。どうしたら飼育個体の産む卵を少なくさせ、質のよい卵を産ませることができるでしょうか?

3つ目は、もっと本質的なこれからの問題です。現在、日本のライチョウの飼育方法は、ノルウェーのトロムソ大学で開発されたスバールバルライチョウの飼育マニュアルを手本におこなっています。この飼育方法の特徴は、抗生物質を投与することによる健康維持、市販のウサギペレットを主食とした給餌《きゅうじ》、1個体ずつ個別の飼育ケースに入れて飼育するという3点にあります。このトロムソ大学での飼育は、保護のためではなく、極地域に生息する動物の生態を実験的に解き明かすため実験動物として飼育しているのです。そのため、なるべく効率的に、簡便に飼育することに特化しています。

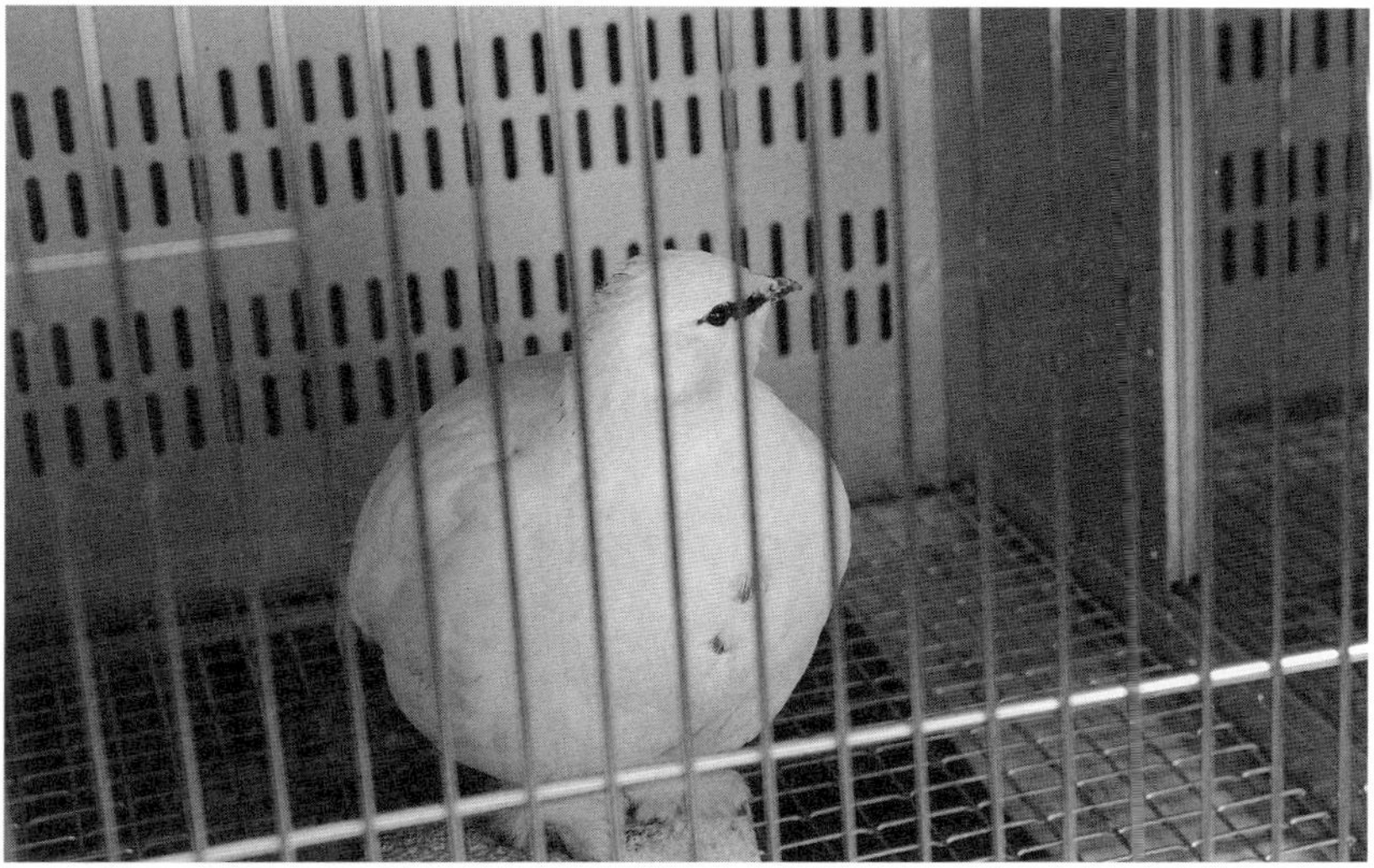
長野市茶臼山動物園で飼育中のスバールバルライチョウの雄

しかし、日本のライチョウの飼育目的は、当面は何世代にもわたり安定的に飼育する技術を確立することですが、その先には飼育した個体を野外に戻す野生復帰も視野に入れています。そのため、日本のライチョウの飼育は、将来は野生に戻しても無事に生きていけるような個体の飼育をもしていく必要があります。このスバールバルライチョウと日本のライチョウとの飼育目的の違いは、これからどうやってライチョウを飼育するかを考える際に大きな問題となります。

これらの問題を今後どう解決したらよいでしょうか？　その解決方法について、次に考えてみます。

第9部

奇跡の鳥　日本のライチョウの未来

雛の死亡原因が解明された！

人工孵化《ふか》した雛の初期死亡率はなぜ高い？

人工孵化したライチョウの雛を人の手で育てることは、大変高度な飼育技術を必要とします。動物園での大変な努力にもかかわらず、孵化した雛が親とほぼ同じ体重にまで成長し、親から独立する孵化3か月後まで生存した割合は、現在のところ48％（31羽中15羽）です。飼育下では、野外と異なり、悪天候や捕食により雛が死亡することがないことを考えると、この値はけっして高い値とは言えません。飼育下で多くの雛が死亡するのは、孵化してから1週間から10日の間に集中していました。この点は、大町山岳博物館でライチョウを長年にわたり飼育していた当時からの課題でした。ですので、孵化から10日間の雛の死亡をどうしたら少なくできるかが、ライチョウ飼育の大きな課題となっていました。

ところが、この難問を解決するヒントとなる大発見が、最近あったのです。それは、乗鞍岳でケージ保護を試験的に実施していた時のことです。

雛が母親の盲腸糞を食べた！

乗鞍岳でケージ保護を始めて2年目の２０１３（平成25）年、再営巣したため孵化《ふか》が遅れ、7月25

雛をお腹の下で温める抱雛中の雌親

日にケージに収容した家族がいました。その家族を翌26日朝にケージから外に出し、家族に付き添っていた時のことでした。10分間ほど採食したあと、5羽の雛が母親の腹の下にもぐり、抱雛《ほうすう》が始まりました。約5分後、雌親は立ち上がり、雛がいっせいに出てきました。

その時のことです。雌親が盲腸糞をしたのです（口絵26）。雌親は、その後歩き出したのですが、奇妙なことが起きました。雛たちはいつものように母親についていかず、母親のした盲腸糞のまわりに集まったのです。どうするのだろうかと見ていると、なんと雛たちは盲腸糞をついばんで食べ始めたのです（口絵27）。

ライチョウは草食性のため、長い盲腸を持っています。その盲腸から出される糞が盲腸糞と呼ばれる糞です。

雛たちは、40秒間にわたり盲腸糞をついばんだあと、母親のあとを追って急いで駆けだしました。雛が去ったあと、盲腸糞には、雛がついばんだ跡がいくつも残されていました。

この行動はいったい何だろうか？長い間鳥の研究をして

母親の盲腸糞につけられた雛のついばみ痕

いますが、このような行動を見たのは初めてです。何か意味がある行動に違いないと直感しました。

盲腸糞の中には消化を助ける細菌が多数いることが知られています。もしかしたら、雛は母親の盲腸糞を食べることで、消化を助けてくれる細菌を母親から受け取っているのではないか。さらには、細菌やウイルスに対する母親の持つ免疫も受け取っている可能性も考えられます。人間の子どもが母親の母乳を飲むことで、母親の持つ免疫を受け継ぎ、病気や感染症にかかりにくくなるという仕組みがあるように。もしそうだとしたら、これは大変な発見です。

孵化したばかりのライチョウの雛が母親の盲腸糞を食べた事実を、当時ライチョウの飼育に先駆けてスバールバルライチョウの飼育に携わっていた日動水の人たちに会議の場でスライド写真を使ってお話ししました。しかし、この時点では、反応はほとんどありませんでした。

雛が盲腸糞を食べる行動が注目されたのは、２０１５年に静岡市で開催された第16回ライチョウ会議静岡大会の折です。動物の腸内細菌について研究されている当時京都府立大学の牛田一成先生が「野生日本ライチョウの腸内菌叢《きんそう》の特徴と飼育下スバールバルライチョウの腸内菌叢再構築の試み」と題して発表されました。その折、私から腸内細菌について質問し、ライチョウの雛が盲腸糞を食べた事実を話しました。そのことで、ライチョウの飼育には、腸内細菌の問題が重要であることが、会議に参加した多くの方の共通認識となったのです。

このことをきっかけに、ライチョウの腸内細菌について、生息現地と動物園の両方で研究をおこなうことになりました。

腸内細菌解明プロジェクトチーム発足

牛田先生は、以前に野生のライチョウと飼育スバールバルライチョウの腸内にどのような細菌がいるかを比較し、野生個体のほうが多くの種類の細菌を盲腸に共生させていること、また高山植物に含まれる毒素の分解や消化を助ける菌をより多く持つことを明らかにしました。一方、飼育スバールバルライチョウは、ニワトリなどの家畜や人間でも検出される菌が多く、飼育舎のまわりの環境から多くの菌を取り入れていることも示していました。日本のライチョウもスバールバルライチョウと同様の方法で飼育すれば、野生のライチョウとは大きく異なる菌がお腹の中に定着してしまうことが予想されます。

つまり、現行の飼育方法で飼育した個体を野生に返した場合、高山植物を食べても消化できず、生きていけない可能性が高いのです。飼育の最終目標である野生復帰を達成するためには、現行の飼育方法に大きな問題があることがわかりました。

また、細菌による感染症を防ぐために、現行の飼育では孵化《ふか》直後から抗生物質による雛の健康管理がおこなわれています。抗生物質は細菌のみに作用し、病気の原因となる細菌の増殖を止め、菌を殺すのに使われます。しかし、抗生物質は特定の細菌のみに作用するわけではありません。病気の原因となる菌だけでなく、有益な菌までが影響を受けます。抗生物質による健康管理は、飼育ライチョウの腸内細菌に大きな影響を与えている可能性があります。

そこで、牛田先生を中心に、ライチョウの腸内細菌を研究するプロジェクトを立ち上げることになりました。環境省の「環境研究総合推進費」の補助金による「ニホンライチョウ保護増殖に資する腸内細菌の研究」が２０１６（平成28）年４月から開始されました。ライチョウ会議静岡大会からわずか半年後の発足です。これだけ早く研究が開始されたのは、ライチョウの飼育では腸内細菌問題が重要であることが広く認識されたからです。

プロジェクトの目標は、飼育個体でも野生個体のような菌を定着させることです。この目標を達成するためには、まず、野生のライチョウがどのように腸内細菌を獲得しているのかを明らかにすることが必要です。ライチョウの腸管内は、生まれた時には無菌状態で、ゼロからのスタートです。その腸内細菌獲得のカギとなるのが、雌親の盲腸糞を雛が食べる食糞行動であることは間違いありません。

雛が盲腸糞を食べるのはいつか?

雛が盲腸糞を食べたのが観察されたのは、1家族にすぎません。まず、本当にすべての家族の雛が母親の盲腸糞を食べるのでしょうか? そして、糞を食べるなら、生まれてから何日くらいから食べ始め、いつまで食べ続けるのでしょうか? このことは、野生個体の行動観察では、なかなか解明できないことは容易に予想されました。盲腸糞は、直腸から排泄《はいせつ》される糞よりも頻度が低く、観察している時に盲腸糞をすることはめったになかったからです。特定の家族を毎日観察し、雌親が盲腸糞をするのを待つには、途方もなく手間と時間がかかります。

そのため、北岳でのケージ保護個体で、この問題を解明することにしました。ケージ保護個体であれば、散歩中に雌が盲腸糞をした時、雛が食べるかどうかをつぶさに観察できます。また、ケージ内にいる間に盲腸糞をした場合には、残された盲腸糞を雛がついばめば、そのついばんだ跡が残されています。ですので、野外個体を追跡するよりもはるかに効率よく調査ができます。

2016(平成28)年には、3家族をケージ保護しました。それぞれの家族を保護した期間は、A家族は孵化《ふか》1日目から23日齢までの23日間、B家族は孵化2日目から20日齢までの19日間、C家族は孵化1日目から20日齢までの20日間でした。

もっとも早くついばみが観察されたのはA家族とC家族で孵化3日齢、B家族は4日齢でした。その後、盲腸糞のついばみ跡は連日観察されましたが、C家族では15日齢以降は雌親の盲腸糞に雛のついばみ痕が見られなくなりました。それに続き、B家族では17日齢、A家族では18日齢で終了しました。つまり、雛が雌親の盲腸糞を食べる行動は、孵化して3、4日目から始まり、3週齢までには終わることがわかったのです。これによって、盲腸糞を食べるという行動は、日本のライチョウで広く見られる行動で、生まれて間もない時期にのみに限られた行動であることが確認されたのです。

野生雛と飼育雛の腸内細菌の比較

次に知りたいことは、雛の成長にともなった盲腸糞に含まれる腸内細菌の変化です。ケージ保護した雌親と雛の盲腸糞は、朝一番に毎日おこなわれる給餌《きゅうじ》、もしくは家族を散歩に出している間の掃除の際に採取しました。生まれて間もない雛は体がとても小さく、当然雛がする盲腸糞も小指の先ほどしかありません。そのため、親と雛の盲腸糞はその大きさから容易に区別できました。雛の盲腸糞は、早い家族では3日齢から採取でき、ケージ保護が終わる約3週齢まで継続して採取できました。この年には、3家族20羽の雛から22サンプル、3羽の雌親から6サンプルの盲腸糞を採取しました。

さらに、人工孵化《ふか》し、動物園で飼育しているライチョウの雛からも盲腸糞を採取していただきました。3週齢までに採取いただいた盲腸糞は、27サンプルでした。

採取した盲腸糞に含まれる細菌については、細菌各種に特異的なDNA配列を読む次世代シーケンサーを使いました。この方法であれば、ライチョウの盲腸糞に含まれる菌をいっきにリストアップすることができます。

では、盲腸糞に含まれる腸内細菌の種類数が、雛の成長にともなってどのように変化するかを見て

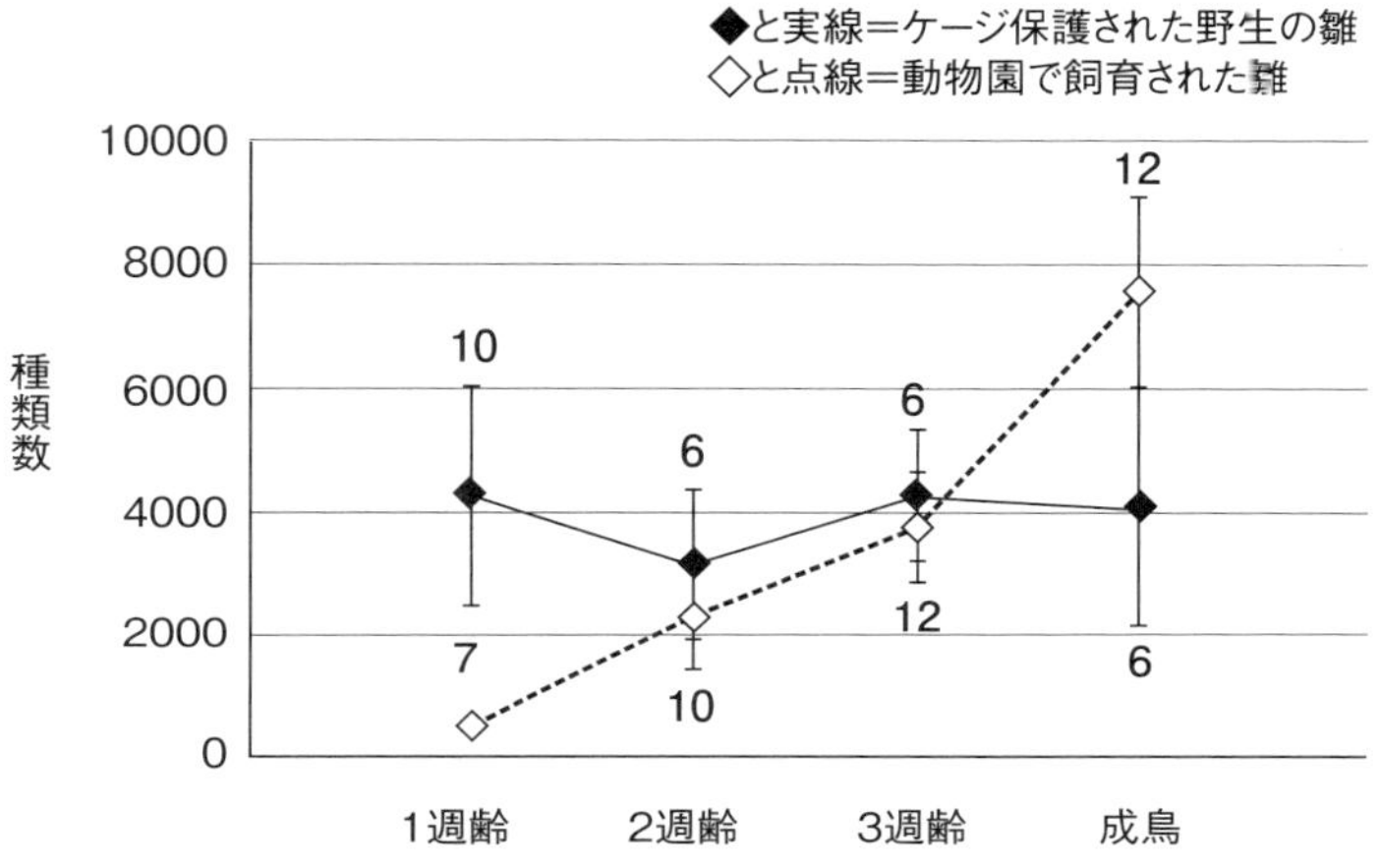

図12　成長にともなう腸内細菌の種類数の変化の比較（数字は分析した盲腸糞の数）

みましょう（図12）。雛の糞から検出された細菌の種類数を、孵化してから1週間ごとに調べてみました。すると、母親の盲腸糞を食べることができたケージ保護した雛からは、母親とほぼ同じ種類数の菌が孵化から1週間内の1週齢の段階から検出されました。ケージ保護された1週齢の雛から検出された平均菌数は４２６１種で、母親から検出された数も４１０５種とほぼ同じだったのです。

一方、飼育された雛の成長にともなう菌の種類数の変化は、ケージ保護された雛とは大きく異なっていました（図12）。飼育された雛から1週齢で検出された菌の種類はわずかで、成長にともなってしだいに検出数が増加していました。特に飼育1週齢では検出された菌の平均種類数は４１８とケージ保護された雛のわずか10分の1しかなかったのです。

また、1週齢の雛と母親から検出された菌のうち、検出数の多かった菌を比較すると、ケージ保護した雛では1週齢の段階から母親と共通する菌が多かったのに対し、飼育雛では成鳥と共通する菌が少ないことがわかりました。これは、飼育雛では成長にともなって定着している菌の種類が大きく変わる一方、ケージ保護した雛では1週齢から親と似た菌を持っていることを示しています。

つまり、野生の雛は、母親の盲腸糞を食べることにより、孵化1週目から親とほぼ同じ種類の腸内細菌を手に入れることができますが、盲腸糞を食べることができない人工孵化した飼育雛は、飼育舎内のまわりの環境から徐々に菌を取り入れることしかできなかったのです。

われわれと同じ手法で鳥類の腸内細菌の種類数を解明した研究によると、野生のペンギン類では500～2000種、野生のハゲワシ類では数百種程度で、今回ケージ保護されたライチョウから検出された4000種よりもかなり少ないことがわかります。これらの鳥は草食性でないので、少ない腸内細菌でも消化が可能なのでしょう。それに比べると、生まれて1週齢でしかないライチョウの雛が、他の鳥と比べてはるかに多くの腸内細菌をすでに持っていることは、驚くべきことです。

ライチョウの腸内細菌には、消化を助けたり、ともすればライチョウにとって毒になったりするような物質を分解する菌が多数含まれます。生まれてすぐに自力で餌を食べるライチョウの雛は、母親の盲腸糞を食べ、母親が持っている腸内細菌を迅速に取り入れることで、餌となる高山植物を消化できるように進化してきたのでしょう。

それに対し、母親の盲腸糞を食べることができない人工孵化による飼育雛は、野生個体とはまったく異なる腸内細菌の獲得過程を踏むことがわかりました。このことは、牛田先生が以前に野生ライチョウと飼育スバールバルライチョウの腸内細菌の比較した研究から示唆したように、動物園で飼育した日本のライチョウを野生に戻しても、高山植物をうまく消化することができず、生きていけない可能性が高いことを意味しています。

飼育雛の初期死亡と腸内細菌の関係

ケージ保護した野生ライチョウの雛と人工孵化《ふか》により飼育した雛の盲腸糞に含まれる細菌を比較すると、両者の腸内細菌の確立過程には大きな違いがあり、また獲得した菌の種類にも大きな違いがあることがわかりました。腸内細菌には、食べ物の消化を助けるだけでなく、体外から侵入してきた健康を害する菌を撃退し、腸管内での免疫と密接な関係にあるものがいます。しかし、野生個体が持っているような細菌がなければ、これらの機能を得ることはできません。野生ライチョウの雛は、母親の盲腸糞を食べることで、将来生きてゆくのに必要な消化細菌一式および病原性細菌やウイルスなどの感染症に対抗する細菌を母親からの贈り物として受け取っていたのです。

しかし、人工孵化した雛では、それらの贈り物を手に入れることができません。つまり、飼育個体の生存率が低いのは、野生個体が持つような正常な細菌一式を手に入れることができないことが大きく影響している可能性が高いのです。

これにより、これまでの50年間にわたるライチョウ飼育で解決できなかった孵化直後の雛の死亡原因は、腸内細菌にあることがわかったのです。

生まれた子どもが母親の盲腸糞を食べることは、コアラでも知られています。また、グリーンイグアナは親子間の行動ではないものの、若い個体が大人の糞を食べることが知られています。両者ともにライチョウと同じ草食性で、盲腸が発達しています。特にコアラは、有毒なユーカリの葉を無毒化し消化するには細菌の助けが必要で、その細菌の贈り物を母親から子どもが受け取ります。生存に必須な菌を子どもが引き継ぐためのシステムは、昆虫でも見られます。カメムシなどは、細菌を含む粘液を卵にかけたり、また菌入りのカプセルを産んだ卵のそばに置いたりする種もいます。人間も例外ではありません。赤ん坊が生まれる時に母親から細菌などの微生物を受け取る仕組みを持っていることが最近わかってきました。

種によって方法は違いますが、生きてゆくのに必要な微生物一式を母から子に伝える仕組みが普遍的に存在することが明らかになりつつあります。鳥類でさえその仕組みがあることが、ライチョウで初めて発見されたのです。

親から子に引き継がれるのは、両親の遺伝子ＤＮＡです。ＤＮＡには食べ物を消化するための消化酵素の設計図も含まれています。しかし、ＤＮＡがつくる消化酵素だけでは十分ではないのです。動物は植物の細胞壁の主成分であるセルロース（いわゆる食物繊維）を分解できません。植物の毒を分解し無毒化することもできません。ＤＮＡでは対応できない部分を細菌の能力に大きく依存しているのです。食べ物に対応しＤＮＡを変えるには長い時間がかかりますが、細菌の能力を活用したらすぐに対応できるからです。

域外保全の今後

ライチョウの雛が盲腸糞を食べることの発見から、ライチョウの飼育では腸内細菌の問題が重要であることがわかりました。では、今後のライチョウ飼育は、どう進めるのがよいでしょうか。野生復帰を目標とした飼育方法を開発するには、これまでの飼育方法から大きな発想の転換が必要になります。

まずは、抗生物質の使用をやめることです。抗生物質は有用菌を死滅させてしまうだけでなく、抗生物質が効かない特殊な能力を獲得した菌の増殖を助長します。抗生物質に耐性を持った菌の増加は、最悪の場合、深刻な病気につながる細菌感染症が治療できなくなってしまいます。健全な腸内細菌叢《そう》を確立できれば、飼育下での雛の生存率を改善できるうえ、抗生物質に耐性を持った菌の蔓延《まんえん》も防ぐことができます。

そのために、野生ライチョウの盲腸糞から分離したいくつかの有用菌を人工孵化《ふか》した雛に投与し、抗生物質なしで雛の生存率を担保する実験が、現在飼育スバールバルライチョウでおこなわれています。野生の個体の盲腸糞から有用な細菌を培養し、それを飼育雛に与える研究は、将来必要でしょう。しかし、この方法の欠点は、時間がかかることです。有用細菌は、1種類や2種類でなく、かなりの数が必要になると予想されるからです。分離した細菌をスバールバルライチョウに投与し、その効果を1種類ずつ確認するのは大変な作業と時間が必要です。

もう1つの方法は、野生ライチョウの盲腸糞を人工孵化した雛に直接与える方法です。野生雛の盲腸糞には、雛が生きてゆくのに必要な消化細菌や感染症から雛を守る菌一式が含まれていると考えられるからです。この場合に問題になるのが、コクシジウム原虫です。この原虫は、強い伝染力を持ち、過去のライチョウ飼育でもこの感染で多くのライチョウが死亡しています。また、この原虫は他の鳥にも感染します。ですので、コクシジウムに感染していない野生個体を慎重に選び、その盲腸糞を使用する必要があります。

もう1つの課題は、盲腸糞は新鮮である必要があることです。冷えて時間がたつと、死んでしまう菌も多く、また時間がたつと菌どうしの競争により菌の組成が変化し、単純化してしまうからです。ですので、雛が人工孵化によりかえる時期に合わせ、新鮮な盲腸糞をライチョウの棲む高山から採取し、動物園に届けることが必要になります。

盲腸を通らず、直腸から直接排泄《はいせつ》されるペレット状の直腸糞でしたら、ライチョウを1時間観察したら1回はしますので、採取はなんとか可能です。しかし、盲腸糞のほうはよくて1日に1回です。飼育雛の孵化時期に合わせ、山から新鮮な盲腸糞を採取して届けることは、産卵中の巣を多数発見することより、ずっと困難な作業になります。

もっともよい方法は、コクシジウム原虫に感染していないライチョウを動物園で一緒に飼い、いつでも新鮮な盲腸糞を提供できるようにすることです。

もう1つの可能性は、人工孵化により動物園で飼育したライチョウを山に戻すというこれまでの発想ではなく、新たな飼育方法により動物園で飼育し、野生に戻すというものです。北岳山荘周辺で実施したケージ保護で、野生のライチョウ家族を人の手で守ることができることが確認されました。このケージ保護した家族をもう1か月間ほど長く現地で保護し、その間に飼育用の餌にも慣らしたうえで、秋に家族ごと動物園に移し、飼育するという新たな飼育方法です。翌年には、動物園で雌親と1歳となった若鳥雌に卵を産ませ、自分で雛を育てさせます。ある程度雛が育ったらそれぞれの家族を山に戻し、しばらくケージ保護を実施します。さらにその後、野生のライチョウと一緒に一定期間生活させたあと、秋に野生の個体とともに放鳥し、野生に戻すという方法です。

この方法だと、孵化した雛は生きるために必要な母親からの贈り物を最初から手にしており、実の母親に育てられた経験を持っています。そのため、翌年1歳となった時には、飼育舎内に自分で巣をつくり産卵し、産卵した卵を温め、孵化した雛を育てることが可能でしょう。また、その雛にも野生に復帰した折に必要な腸内細菌を引き継ぐことができます。この方法では、人工孵化した雛を人の手で育てるのではなく、山で母親に育てられた経験を持つ雌親に雛を育てさせることになります。そうすることで孵化した雛を人の手で育てるという大変高度な技術を必要とし、大変手間のかかる、しかも成功率が高くない飼育をあえてする必要はなくなります。

人がすることは、飼育舎に子育て可能な環境を整えてやることだけです。この方法は、ケージ保護で実施したやり方と基本的に同じです。腸内細菌といったもっとも困難な課題も、この方法だとクリアできます。また、抗生物質耐性を持った細菌を高山に持ち込む危険性は、ずっと少なくなると考えられます。

スバールバルライチョウで飼育方法が確立されていたことから、この亜種で飼育経験を積んでから日本のライチョウの飼育を開始するということで、ライチョウの保護増殖事業はこれまでおこなわれてきました。しかし、人工孵化した雛を人の手で育てることには、腸内細菌の問題など多くの課題があることがわかってきました。また、実験動物飼育のために確立されたトロムソ方式によるライチョウ飼育は、野生復帰を最終目的とした日本のライチョウ飼育には合わない点が多くあることも見えてきました。

トロムソ方式の飼育方法を取り入れたことで、日本のライチョウの保護を目的とした域外保全は、かえって遠回りをしてしまったのかもしれません。発足3年が過ぎ、域内保全のための動物園でのライチョウ飼育は、大きな転換期にきています。

次の課題は餌の問題

動物園で飼育する以上、餌の問題は最重要課題です。スバールバルライチョウの飼育では、ウサギペレットを使用しましたが、今後は日本のライチョウに合った餌の開発と、将来は山に戻すことを前提にした飼育方法の確立が残された課題です。

現在使用されているウサギペレットは、たまたま使ったらライチョウの飼育にも使えたというもので、ライチョウの飼育のために開発された餌ではありません。日本のライチョウに合った餌の開発は、大町山岳博物館での40年以上にわたる経験があります。それをベースにし、飼育されている近縁のキジャニワトリの餌をも考慮したライチョウに合った効率的な飼育が可能な餌の開発が望まれます。そのためには、栄養学的な研究がいっそう必要になると思っています。

野外のライチョウが食べている餌については、すでに年間を通して調査され、四季の変化に合わせさまざまな餌を食べていることが明らかになっています。また、野生のライチョウの体重の季節変化も明らかにされています。それらの結果を参考に、動物園で長期間にわたって飼育可能なウサギペレットに代わる日本のライチョウに合った餌の開発が、次の課題であることは間違いありません。

幸いなことに、ライチョウの場合には野生の集団が今も生存しており、長年にわたる野外調査からこの鳥の生態については、かなりのところまですでに解明されています。ですので、野生個体の生態を基本にした動物園での飼育方法の確立が可能なのです。孵化《ふか》直後のライチョウの雛が母親の盲腸糞を食べることの発見は、その好例と言えるでしょう。

絶滅した日本のトキとコウノトリでは、それができませんでした。どちらも本格的な飼育に手をつけた段階では、野生の個体は存在せず、野外での生態が未解明でした。ですので、域外保全のみで飼育し増やす道しかなかったのです。ライチョウの飼育では、域内保全との連携により飼育方法の検討と実施が可能なのです。

また、トキとコウノトリの場合には、どちらも平地に生息する鳥でしたので、ドジョウなど平地で得られる餌を用いて、平地での飼育が可能でした。その点、ライチョウの飼育は、高山に生息する鳥を平地で飼育し、さらに高山植物という特殊な餌を主食とする草食性の鳥の飼育です。そのため、消化に必要な消化細菌や感染症に関係した細菌の母親からの贈り物が特に重要だったのです。

今後はさらに、ライチョウに合った飼育用の餌の開発により、この鳥の域外保全が急速に改善されることが期待できるでしょう。また、生息現地での域内保全のほうもケージ保護の成功で数の減少に歯止めをかけることや、高山帯でのキツネ、テンなどの捕食者除去、さらにはイネ科植物などの試験除去により生息環境の改善にも見通しを立てることができました。域内保全と域外保全の連携により、今後いっそうライチョウの保護対策の進展が期待されます。

2章 市民参加によるライチョウの保護

ライチョウ会議の発足と果たした役割

ここ数年の間に、一般の方のライチョウへの関心が急速に高まってきました。多くの方がこの鳥に関心を持つようになり、こうした保護への関心の高まりには、「ライチョウ会議大会」が大きな役割を果たしてきました。この会議は、２００１（平成13）年に大町山岳博物館が50周年を迎えたことを契機に発足しました。

同館の長年にわたるライチョウ飼育をこの機会に総括し、今後取り組むべき研究の方向性や役割について、全国的な視野に立って検討することになり、２０００年8月に第1回ライチョウ会議大会が大町市で開催されました。この鳥の保護に取り組むには、多くの方との連携が必要との認識から、以後大町山岳博物館が事務局となり、ライチョウの研究者や行政関係者だけでなく、山岳関係者、自然保護団体、動物園関係者など、さらに一般市民の方が年に一度集まるライチョウ会議大会が毎年開催されてきました。

ライチョウ会議大会は、ライチョウが生息する長野県、山梨県、岐阜県、静岡県、富山県、新潟県の他、かつてライチョウが生息していた白山を有する石川県、さらに東京都も加え、それぞれの県と都で持ち回りに毎年開催され、２０１６年には第17回ライチョウ会議長野大会が大町市で開催されま

第17回ライチョウ会議長野大会（提供：大町山岳博物館）

した。大会では、ライチョウの研究者や行政関係者を中心に開かれる専門家会議と一般の方を対象にしたシンポジウムが毎回開催され、研究成果の発表、情報交換や意見交換、ライチョウについての知識の普及、保護活動への理解と協力のお願いがされてきました。参加される方は年々増え、最近の山梨大会、静岡大会、長野大会では、２日間合わせて５００人から６００人ほどが参加するまでになりました。

これらの活動を通し、ライチョウの研究は急速に進み、保護活動への理解と協力体制がつくられてきました。現在実施されているケージ保護や乗鞍岳から採取した卵を動物園で人工孵化《ふか》して飼育するという域内と域外での保全活動に対する理解がライチョウ会議大会で得られてきたように思います。また、ライチョウの現状が広く理解されることで、絶滅危惧種IB類に指定され、環境省による保護増殖事業が始まるきっかけにもなりました。

さらに、最近では、新たなライチョウ保護組織の誕生にも貢献することになりました。それが２０１５年から長野県で始まったライチョウサポーターズの制度です。

ライチョウサポーターズの発足

ライチョウは長野県の県鳥です。ライチョウサポーターズは、この鳥のことを県民にもっと知っていただき、この鳥の保護活動に広く参加していただくためにつくられました。県が養成講座を開催し、受講した方に登録していただく制度です。初年度の2015(平成27)年には67人が登録しました。翌年には大町市でライチョウ会議大会が開催されたこともあり165人が登録し232人に増え、2017年現在では326人となりました。2016年からは、同様の組織が山梨県と静岡県でも発足し、現在ではそれぞれ122人、141人が登録をしています。2017年現在3県で合計589人となりました。今後は、ライチョウが生息する他の県でもこの制度が広がっていくことが期待されます。

ライチョウサポーターズとして登録された方にまず望みたいことは、ライチョウの現状に対するいっそうの知識を深めていただき、現在おこなわれている保全対策への理解を深めていただきたいことです。それには、毎年開催されるライチョウ会議大会に参加いただき、最新の研究成果と保護活動を知っていただくのがよいと思います。そのうえで、山に登られた折に観察されたライチョウの情報とともに、ニホンジカ、ニホンザル、ツキノワグマといった大型草食動物やキツネ、テンなどの捕食者の観察情報を提供いただけたらと思います。

スマートフォンは、GPS機能を備えていて、観察された正確な位置や観察されたことを写真や映像として記録に残すことができます。それらの情報を送っていただくウェブサイトとして、長野県、

2015 年長野県開催のライチョウサポーターズ養成講座（提供：長野県自然保護課）

静岡県、さらには環境省の「いきものログ」があります。

これらの情報を将来一元化しデータを蓄積してゆくことで、ライチョウの分布変化、各山岳での雛の育ち具合、草食動物や捕食者の分布変化といった動向を把握してゆくことが可能となります。さらに、ライチョウを発見した折には足にも注目して、足輪がついていたらその足輪の色の組み合わせを写真や動画に撮影して、ウェブサイトに送付してもらえれば、ライチョウの山岳間の移動や分散もわかってきます。現在、われわれが乗鞍岳、南アルプス北部、北アルプスの焼岳、頸城山塊の火打・焼山で標識調査を実施している他、静岡ライチョウ研究会が南アルプス南部、富山雷鳥研究会が北アルプスの立山で標識による調査を実施しています。

このような市民参加による情報収集は、Citizen Science と呼ばれ、外国では研究の促進と保護活動に広く取り入れられています。日本ではこれからですが、ライチョウはこのような市民参加による保護活動の推進に適しています。

ライチョウサポーターズの方にさらに期待したいことは、高山でのライチョウ調査や保護活動への参加です。前述のように、北岳でのケージ保護や火打山でのイネ科植物の除去、各地の山岳でのなわばり分布調査や雛の育ち具合の調査など、サポーターズの方に調査や保護活動にすでに参加いただいています。メンバーの方の登山経験や体力などに応じ、ライチョウの保護活動へのさまざまな形での参加がいっそう期待されています。

ライチョウ基金の設立

今後、日本の貴重な高山の自然とそこに棲むライチョウを守ってゆくには、国や県といった行政や大学などの研究機関だけでなく、市民が参加したさまざまな組織の連携が必要になってくるでしょう。そのためには、行政関係の予算に頼るだけでなく、民間の資金の活用も今後は課題になってきます。現在環境省を中心に保護活動がおこなわれていますが、環境省の予算にも限りがあります。また、現在絶滅にひんしている動植物は、ライチョウ以外にも多数あり、特定の種ばかりに予算を充てることはできません。

そのため、民間の資金を活用するライチョウ基金の設立が、これまで何度もライチョウ会議の中で検討されてきました。しかし、いまだ実現にいたっていません。試みとして、2017(平成29)年末から2018年初めに、富山ファミリーパークがクラウドファンディングによる資金集めを実施しました。この園では上野動物園とともに以前からスバールバルライチョウの飼育をしており、同園がそれに続いてライチョウを飼育し、今後さらに規模を拡大してゆくためには、外部からの資金が必要です。

今後もこのような個別の資金集めは必要だと思いますが、長期的なライチョウ保護のための基金を設立することが、これからはいっそう必要になると考えています。その基金は、ライチョウ会議ではなく、山岳に関係したより大きな組織が日本の貴重な山岳の自然とそこに棲む自然保護のシンボルとも言えるライチョウを守るために設立するのがよいと私は考えています。この基金をもとに、今後のライチョウ研究とそれに基づいた保護活動が展開されることが、この鳥を絶滅から守り、日本の貴重な高山の自然とそこに棲むこの鳥を次の世代に残すことにつながると考えています。

あとがき

小林　篤

東京都中央区に生まれ育った私は、千葉県にある東邦大学で卒業研究を始めるまで、ライチョウが棲む高山とはまったく無縁の生活を送っていました。卒業研究のテーマを決める大学3年の秋、私は漠然と子どものころから好きだった鳥の研究をしたいと思っていました。でも、どんなテーマで鳥の研究をおこなうか、なかなか決めかねていました。空を自由に飛ぶ鳥は、見た目には美しく、飽きないのですが、いざ研究となると、すぐに目の前から消えてしまいそうに思えたのです。そんな時、人を恐れず、飛ぶのが苦手なライチョウのことを思い出しました。ライチョウなら近距離からじっくり観察ができるのではないか。幸い東邦大学には、中村浩志先生がライチョウの研究をしている乗鞍岳で、ハイマツなどの高山植物の研究をしていた丸田恵美子先生がいました。そこで、丸田先生に仲介していただき、中村先生にライチョウの研究をしたい学生がいる旨を伝えていただきました。

中村先生からすぐに連絡があり、先生の次の乗鞍岳調査に合わせ、山でお会いすることになりました。２００８（平成20）年10月、待ち合わせした位ヶ原《くらいがはら》山荘で自己紹介を終えると、中村先生はさっそく私を乗鞍岳の高山帯に連れていってくれました。初めて歩く雲の上の世界です。背の高い木はまったく生えていません。地を這って延びるハイマツ、マット状に一面に広がる一見草のような高さ５㎝

ほどの低木、無機質な岩の壁など、すべてが初めて見る景色でした。松本の街は、遠く眼下に見え、雲を下に見る光景にとても感動したことを覚えています。

目に入る1つひとつの景色に目を奪われていたのもつかの間、先を行く中村先生から「見つけたっ！」という声が聞こえました。先生に近づくと、くすんだグレーの雌とそのかたわらでピヨピヨ鳴くこの年生まれの若鳥がいました。若鳥には、まだ標識の足輪がつけられていません。中村先生は、釣り竿を改良し、先にワイヤの輪をつけた捕獲道具を使い、あっという間に若鳥を捕獲しました。ライチョウは、想像していた以上に近くから観察ができ、しかも簡単に捕獲できることに大変驚きました。また、この鳥が寒さの厳しい高山で年間を通して暮らしていることを想像し、深く感動したことを今も覚えています。

翌年の2009年4月、私は再び乗鞍岳に戻ってきました。ライチョウが繁殖する高山帯は、まだほとんど雪で覆われていましたが、日当たりのよい尾根では雪解けが始まり、高山植物がところどころで顔を出していました。秋に訪れた時とは違った真っ白な姿をしたライチョウとの再会です。この時から、私の本格的な卒業研究が始まりました。

私の研究テーマは、ライチョウの食べ物の季節変化を量的に明らかにすることでした。そのためには、ついばんだ植物の名前がわからないといけません。さっそく中村先生から高山植物の猛特訓を受けました。特に苦労したのは矮性《わいせい》低木たちです。似ているものが多く、コケモモ、コメバツガザクラ、ミネズオウなどは、花や実がついていれば一目瞭然でしたが、それらがない春先は区別に苦労しました。夏になり、草本植物がいっせいに芽吹くと、覚えなければいけない植物の数が増えました。中村先生がいない時は、図鑑とにらめっこしたり、山小屋の方に聞いたりして判別できる種を増やしていきました。このようにして乗鞍岳での春から秋の調査を終え、山から下りるとすぐに卒論のまとめ作業に入りました。その研究成果に、中村先生との逭名で日本鳥学会誌に掲載されました。

私は、大学入学当時から教員になろうと思い、教員養成課程も履修していました。しかし、ライチョウの研究を始めた私は、高山の美しさ、過酷さ、そしてその環境の中でつつましく、たくましく生きるライチョウの姿を知りました。もっとこの鳥を知りたい、そしてこの鳥の保全に向けた取り組みを手伝いたいと思うようになりました。そこで、私は教員になることをやめ、中村先生が所属する信州大学教育学研究科の大学院に進学を決めたのです。この決断は、私の人生を大きく変えることになりました。

２０１８年現在、私がライチョウの研究を始めてからちょうど10年がたとうとしています。この間、ライチョウを取り巻く環境は大きく変化しました。レッドデータブックにおけるカテゴリーの変更、保護増殖事業計画の策定、域内保全と域外保全による保全事業の開始。もっとも大きな変化は、環境省が主導し、ライチョウが安定的に生きていける環境を目指した保護増殖事業が始まったことです。この変化は、まさに中村先生が２００１年から乗鞍岳で地道な標識調査を続けた成果でもあります。

私も、この10年にライチョウ研究で学位を取得し、慣れない高山での調査にもすっかり慣れ、都会の人から山の人になっていました。最初は1人ではままならなかった乗鞍岳での個体群調査もしだいにできることが増え、私の研究成果も保全事業の一助になったことは、私の小さな誇りです。

しかし、保全事業の開始は、けっしてゴールではありません。この本の中では、現在までに解明できたことだけでなく、いまだ実現できていないことや、これからの課題を示してきました。最終目標としている安定的な個体群の確立には、まだまだ長い道のりがあります。人を恐れないライチョウが日本の高山の象徴として、私たちの子ども、そして孫の世代でも高山に登れば普通に見られるようにするには、まだ予断を許さない状況にあります。

この本を読み、日本の高山に生息するライチョウの希少性やひっ迫した現状、そして現在おこなわれている保全事業について、少しでも知っていただければ幸いに思います。そして、少しでも多くの方がライチョウ保全に興味を持ち、ライチョウサポーターなどを通してこの先の保全事業をお手伝いいただければ、こんなにうれしいことはありません。そして私はと言えば、どんなに年をとっても中村先生のように毎年山に登り、ライチョウの生活環境とその変化を肌で感じ、さらなる保全対策実施に向けた研究を続けていきたいと思っています。

本書は、中村先生との連名で出版されることになりました。私は、第2部2章「ライチョウは何を食べているのか?」、第5部「どれだけ生まれ、どれだけ育つのか?」、第8部「動物園で飼って増やす域外保全」、第9部1章「雛の死亡原因が解明された!」を分担執筆しました。

本書の出版にあたっては、しなのき書房の方々、特に編集担当の林佳孝さんには、原稿の段階から貴重な示唆をいただきました。また、ライチョウ調査にあたっては、多くの方々にご協力いただきました。これらの方々に、心からお礼申し上げます。

２０１８年2月22日　千葉県柏市にて

著者プロフィール

中村浩志（なかむら・ひろし）
理学博士・財団法人中村浩志国際鳥類研究所代表理事・信州大学名誉教授。
1947年、長野県坂城町に生まれる。信州大学教育学部卒業、京都大学大学院で博士号を取得。信州大学教授となり、2006〜2009年に日本鳥学会会長、2013年から坂城町教育委員長。2002年「山階芳麿賞」受賞。専門は鳥類生態学。
おもな著書に、『二万年の奇跡を生きた鳥 ライチョウ』（農山漁村文化協会）、『雷鳥が語りかけるもの』『甦れ、ブッポウソウ』（山と渓谷社）、『歩こう神秘の森戸隠 』『千曲川の自然 』『戸隠の自然 』（信濃毎日新聞社）ほか多数ある。

小林　篤（こばやし・あつし）
理学博士・財団法人中村浩志国際鳥類研究所理事兼研究員・東邦大学訪問研究員。
1987年、東京都中央区に生まれる。東邦大学理学部卒業、信州大学大学院教育学研究科（修士課程）修了、東邦大学理学研究科にてライチョウの研究で博士号取得。専門は鳥類生態学および個体群生態学。

編集協力：丹後智紀

ライチョウを絶滅から守る！
2018年9月8日　初版発行

著　者　中村浩志　小林　篤
発行者　林　佳孝　発行所　株式会社しなのき書房
〒381-2206 長野県長野市青木島町綱島 490-1
TEL026-284-7007 FAX026-284-7779

印刷・製本／大日本法令印刷株式会社

　ISBN 978-4-903002-58-3